本书获得2017年湖南省社科基金规划办智库专项委托课题"习近平新时代我国社会主要矛盾论研究（项目编号：17ZWA20）"项目部分经费资助

博士生导师学术文库

A Library of Academics by
Ph.D.Supervisors

"在德不在辩"：
辜鸿铭伦理思想研究

吴争春　著

光明日報出版社

图书在版编目（CIP）数据

"在德不在辫"：辜鸿铭伦理思想研究 / 吴争春著
. -- 北京：光明日报出版社，2021.4
（博士生导师学术文库）
ISBN 978 - 7 - 5194 - 5850 - 8

Ⅰ.①在… Ⅱ.①吴… Ⅲ.①辜鸿铭（1856 - 1928）
—伦理思想—研究 Ⅳ.①B82 - 092

中国版本图书馆 CIP 数据核字（2021）第 058933 号

"在德不在辫"：辜鸿铭伦理思想研究
"ZAIDE BUZAIBIAN"：GUHONGMING LUNLI SIXIANG YANJIU

著　　者：吴争春

责任编辑：李壬杰　　　　　　责任校对：袁家乐
封面设计：一站出版网　　　　责任印制：曹　净

出版发行：光明日报出版社
地　　址：北京市西城区永安路 106 号，100050
电　　话：010 - 63169890（咨询），010 - 63131930（邮购）
传　　真：010 - 63131930
网　　址：http：//book. gmw. cn
E - mail：lirenjie@ gmw. cn
法律顾问：北京德恒律师事务所龚柳方律师

印　　刷：三河市华东印刷有限公司
装　　订：三河市华东印刷有限公司
本书如有破损、缺页、装订错误，请与本社联系调换，电话：010 - 63131930
开　　本：170mm × 240mm
字　　数：162 千字　　　　　印　　张：13.5
版　　次：2021 年 4 月第 1 版　印　　次：2021 年 4 月第 1 次印刷
书　　号：ISBN 978 - 7 - 5194 - 5850 - 8
定　　价：85.00 元

序

吕锡琛

辜鸿铭是中国近代的文化奇才怪杰,生于东南亚、长于西方却扎根于中国;他精通西方数国语言,获得 13 个西方博士学位,却热衷向西方人宣传东方的文化和精神;他是大批评家卡莱尔的高足,大文学家托尔斯泰、泰戈尔的朋友,是西方人心目中东方文化的代言人和连接东西文化的使者⋯⋯

在当今中西文化交流进一步深化、中华文化对外传播成为中国的文化政策,特别是在人们深入思考如何正确处理传统与现代化之关系等时代课题的背景下,辜鸿铭这位为中西文化交流做出重要贡献、清醒反思现代化之弊病且努力发掘中华伦理文化之世界价值的先驱者甚是令人怀念。但长期以来,在不少国人那里,要么夸大他的怪异不羁、尊王崇儒之举,要么责难他对纳妾、留辫、缠足等陋俗的曲辩,要么对其茶壶茶杯理论耿耿于怀,而从思想文化层面进行严肃深入的研究成果还不多见,对于这位学贯中西并以毕生精力研究和传播中国传统文化的文化巨匠来说,这一状况颇失公允且令人遗憾。

值得高兴的是,争春博士的新作《"在德不在辩":辜鸿铭伦理思想研究》一书的出版可对这一遗憾稍作弥补!

在中国近代史上，辜鸿铭是一位常与潮流相左的悲剧性人物，有人如此概括他孤傲不群的个性："众人热心洋务，他讲儒学；众人呼唤民主，他偏拥护专制；众人主张妇女解放，他却赞成纳妾缠足；众人长衫辫子，他偏西装革履，到众人西装革履时，他又长衫辫子。"在今天看来，辜鸿铭的有些观点的确陈腐不堪，特别是在晚清王朝与儒家文明处于风雨飘摇之时，他选择服膺已不被同胞认同的清廷和儒家，自然遭到无情的批判和嘲讽。但是，与其他复古派或文化保守主义人物不同的是，辜鸿铭将对中华传统文化的热情化为了对外文化传播的实际行动，他全力投身于中国传统文化的对外介绍工作，是将《论语》《中庸》和《大学》译为英文的第一位华人，致力于构筑中国传统文化在西方的良好形象，批驳西方人的歧视与偏见。众所周知，中国自步入近代以来，由于在政治、经济、军事方面的劣势和欧风美雨的吹打，致使国人的文化自信心备受摧残，中国传统哲学被目为"失效"的文化，儒家伦理文化更是被视为朽木枯枝而备受冷落，西方文化优越或中国文化落后甚至低劣的看法成为不少人心目中的成见，"文化逆差"成为中西文化交流中的固态。当此文化危机之时，辜鸿铭却以自己在西方的亲身经历和精研西学的深厚造诣，致力于反思现代化的弊病，力挽狂澜，不仅推介中华文化，同时还试图以儒家伦理文化拯救西方文明之弊病，成为当时对"西方文化思想界唯一发生相当影响的学人"，为中西文化实现平等对话做出了贡献。因此，在他的偏颇与陈腐之见的背后，或许还蕴含着返本开新、纠偏除病、挽狂澜于既倒的壮志，这是与当时其他文化保守主义者不可同日而语的。

对于这样一位复杂多面的人物，本书作者努力从辜氏所处的时代背景、个人遭遇的身份认同困境及复杂多样的思想渊源来进行解读。文中指出："辜氏的人生经历及其所接受的西方教育，使他对西方现代文明始终持批判态度，力图以儒家的道德文明补救西方现代性弊病，猛烈抨击西方对中国的歧视和侵略，极力想证明儒家文明的优越性，试图通过中西文明的对话来化解中国的主权危机与文化危机。""多年留学西洋学业优异但却饱受冷眼等独特经历，使他比大部分国人更了解西方现代文明的弊端，而近代中西文明冲突以西方的"强权"与殖民侵略的方式进行，更让他加剧了对西方文明的反感而深化了对儒家文明的认同。"通过这种细致的考察和开阔的思路，作者从个体、社会、文化等诸多因素来解读辜鸿铭尚未被国人所理解的苦心，探讨其所以"怪"的原因，对这位怪杰之"怪"给予"同情的理解"。

伦理文化是辜氏终身研习并极力对外传播的重头内容，作者将研究视角聚焦于此，这一选题是颇具眼光的。但是，由于当时局势以及对外传播的需要，辜鸿铭关于伦理道德的观点散见于各种政论、杂文、演讲等零散的文献，并未形成系统的伦理学理论体系，而学术界在这方面的系统研究亦较为薄弱。这无疑为本研究的开展增添了难度亦提升了价值，可以说，作者的工作不仅是研究辜鸿铭伦理思想，亦在参与构建这位文化巨人的伦理思想理论体系。

辜鸿铭伦理思想之理论渊源涉及当时东西方众多的文化大家，包括英国浪漫主义大师卡莱尔、罗斯金，思想家阿诺德，保守主义思想家伯克；美国浪漫主义大师爱默生；德国浪漫主义文学巨匠歌德，以及张之洞、赵凤昌、梁鼎芬、沈曾植、罗振玉、郑孝胥、梁敦彦等儒学大师。在广泛阅读相关文献的基础上，作者对各条与之相关的学脉均做出清晰的梳理，其用功之深可见一斑。

在归纳辜鸿铭文明观的特征、分析与评价中西文明之特点的基础上，作者分别从现代性的伦理批判、政治伦理观、女性伦理观、儒家道德文明观四个专题来展现辜鸿铭伦理思想的具体内容。从基督教伦理、军事伦理、传媒职业伦理、现代教育伦理、道德相对主义等诸多理论视角系统地论述辜鸿铭对西方文明的伦理批判，揭示其关于西方现代性的反思；阐述辜鸿铭关于民主政治、君主政治与贵族政治德性等观点，梳理和剖析其保守主义政治伦理思想。

对辜鸿铭的儒教观特别是儒家伦理思想进行系统的论述，是本书的创新点之一。作者阐发了辜鸿铭独特的儒教观以及儒家伦理道德与中国国民性的关系；通过扬己之长、攻人之短的策略，辜氏揭示了儒家文明对欧洲启蒙运动的积极影响及其对现代文明的补偏意义，凸显出儒家道德文明对西方文明的历史与现实价值。作者还以平实的态度指出，辜鸿铭以西方之"理性"来诠释儒家的"理性"精神，既具有沟通中西文化的独到价值，同时又混淆了儒家文明之"实践理性"精神与西方近代文明之思辨"理性"的本质区别。这种实事求是的态度是值得褒扬的。

作者对辜鸿铭女性伦理思想的评析是本书另一出彩之处。众所周知，辜鸿铭的女性观曾受到广泛的非议，而作者则将辜鸿铭置于特殊的语境与历史背景下进行考察，在对其作品进行抽丝剥茧般分析的基础上，阐发蕴含于中的合理之处。例如，作者认为，辜鸿铭的女性伦理思想既不能简单概括为"三从四德"，也不宜定性为"封建的女性伦理观"，他突破了儒家的"男尊女卑"观念而在理论上肯定女性在文明中的特有价值，对现实中的女性表现出深切的同情和关注；他出于尊重男女性别差异和性别社会分工而高度肯定妇女从事家庭劳动的社会价值；他对婚姻之社会责任的重视体现出其对婚姻之社会本质的深刻洞见；他针对西方人将中国妇女勾画为神态麻木、表情凄楚、受尽折磨的刻板印象这一状况，着力勾画"真正的中国妇女"及其特质，试图通过对中国女性形象的理想化描写以改变西人对中国妇女及中国文明的偏见与歧视，足见辜氏用心之良苦。与此同时，作者亦客观地道出了辜鸿铭女性观的局限性：例如，重视国格的独立与尊严而忽视妇女人格的独立与尊严；重视妇女的"妻职"，轻视甚至忽视了妇女的"人职"；片面强调女性对婚姻的责任与义务，抹杀女性在婚姻中的主体地位。在对辜鸿铭女性观的一片责难声中，上述评价观点可谓是别树一帜。

在中国近代史上，辜鸿铭是一位屡遭误解的人物。正如有学者所指出的，对辜氏的误解是与近代中国人对自己和自己文明的误解紧密相连的。有鉴于此，作者通过对翔实资料的分析和审慎的独立思考努力澄清这些误解。在指出辜鸿铭伦理思想的道德本位主义等理论局限的基础上，从历史和现实的视角揭示其伦理思想的意义与启示：辜鸿铭开启了中国近代史上反思现代性的理论端绪，其批判的锋芒直指物质主义、功利主义、道德相对主义、民族利己主义等弊病，他不仅超越了同时代的中国人，甚至比后来几代人更高瞻远瞩地看到了现代性弊端；他从宗教、情感、精神等角度深入诠释儒家伦理思想的内涵及其现代价值，为现代新儒家反思儒家思想的价值提供了新的视角与方法；在中华民族备受歧视的特殊氛围下，辜鸿铭向西方大力弘扬中华民族道德文明的价值，呼吁国人不要贬低中国文明，引导国人珍视自身文化传统。作者特别强调，辜鸿铭的思想对于我们发掘儒家伦理思想的内涵及现代价值、促进民族传统与现代化相融相生以及进行现代伦理文化建设皆具有启示意义。应该说，这些具有创新性的观点乃是本书的又一亮点。

当然，由于辜鸿铭是一位学富五车、融贯古今中外的文化泰斗，他的思想十分丰富和复杂，如何结合中西方伦理学的相关理论对他的伦理思想进行更深入的理论剖析与评价，期待作者做出进一步的努力。

本书作者吴争春是我的博士生，她是一位慧中秀外的女性，勤奋努力、积极上进、好学深思。在攻读博士学位期间，争春不仅担任着繁重的教学任务，还肩负着养育幼子、照顾父母的重任，个中的艰辛和困难可谓一言难尽！如今，争春已成长为中南大学的全国教学名师，她不仅以丰富精湛的教学启迪后学，还担任了更多的行政事务。但她依然精进不已，笔耕不辍，新的成绩时有耳闻。即将呈现在读者面前的这部著作，就是她在博士论文基础上加以修改完善的成果。作为争春的导师和同事，特别是同为女性学人，我由衷地感到高兴和欣慰！在本书即将付梓之际，祝愿争春在学术道路上不断前行，取得更多更好的成绩。是为序。

目　录
CONTENTS

绪 论

一、选题缘起

在中国近代史上，辜鸿铭是一位特立独行的思想者。他的思想言论在当时国内外，尤其在西方社会，曾引起较大反响。一位德国教授曾这样提醒人们：

在这里，我们面对的是一个极不平常的人，一个还远没有引起人们足够重视的人。这个人，他对西方文化有广泛的涉猎和深入的了解；这个人，他熟悉歌德就像一名德国人，熟悉卡莱尔、爱默生和别的盎格鲁—撒克逊作家就像一名盎格鲁—撒克逊人；这个人，他通晓《圣经》就像一位最好的基督徒，然而他的独立的明确的精神却拥有一种强大的力量。他不仅自己保持其固有的特征，而且还认识到，脚踏实地地立足于自己古老、可靠的文化基础，不要去生搬硬套只适用于另外一种社会状况的西方文化，这对于东方居民的自我生存是极为必要的。①

---

① 辜鸿铭. 辜鸿铭文集：上卷 ［M］. 黄兴涛，等译. 海口：海南出版社，1996：487 - 488.

　　尽管这位德国教授对辜鸿铭的评价并不一定确切，但他道出了这样一个文化现象，即辜鸿铭精通西学，但又固执于中国传统文化，这在近代中国史上是不多见的。在西学东渐的时代热潮中，辜鸿铭着力于向西方阐扬儒家文明的价值，并从各个方面毫不留情地揭露和批判西方现代文明的弊端。辜鸿铭究竟是一个什么样的人？他为何要逆时代潮流而行？他从哪些方面揭露和批判了西方现代文明的弊端？他所尊崇的儒家思想在世界和中国的现代化进程中究竟有何价值？对这些问题的疑惑，正是本书写作的缘起。

　　由于辜鸿铭一生主要以英文著述，自民国至今日，人们对他的思想缺乏全面了解，谈论辜鸿铭的人，要么津津乐道于他那非同一般的外文造诣和对近代西方文化的精熟，要么念念不忘他对纳妾、留辫、缠足等陋俗的曲辩。① 真正对辜鸿铭思想进行严肃的研究的著作并不多见。辜氏在国人心目中的形象，因此而不真实，他怪异不羁、尊王崇儒的非理性一面被无限夸大，他反思现代性的有价值的思想则隐而不彰。当今中国正在进行现代化建设，随着改革开放的进程，各种各样曾经出现在西方社会的现代性弊病纷纷在中国暴露，如物质主义、个人主义、道德相对主义等社会思潮在中国不同程度地存在，有些甚至已经泛滥成灾，当代中国社会出现一定程度的道德危机是一个不争的事实。要化解中国从传统向现代变迁的过程中所出现的诸多社会问题，需要从历史资源中吸取经验和教训。辜鸿铭的思想尽管存在诸多偏颇之处，但其中不乏对现代性及传统的深入思考，是我们今天反思现代性与反思传统不应遗忘的一份思想资源。

---

　　① 辜鸿铭.辜鸿铭文集：上卷［M］.黄兴涛，等译.海口：海南出版社，1996：1.

二、研究动态综述

民国时期，辜鸿铭在西方虽受人推崇，但在国内却很少得到人们的赏识。如陈序经所言，其原因"大概是由于他的重要著作，多是用西文发表，不晓得西文的人，当然欣赏不到辜先生的言论，而晓得西文的人，大概对于辜先生的极端复古，又加以否认，结果也是不愿去领略辜先生的著作"①。资料的缺乏与政治立场的因素，是阻碍学者深入研究辜鸿铭思想的重要原因。改革开放以来，辜鸿铭的英文著作被陆续翻译出版。20世纪80年代中期，岳麓书社出版了冯天瑜校点的《辜鸿铭文集》（1985年），但该文集只收录了辜鸿铭的两部中文作品，即《读易草堂文集》和《张文襄幕府纪闻》。目前关于辜鸿铭著述的文集有：黄兴涛编译的《辜鸿铭文集》（上、下卷）、汪家堂编译的《乱世奇文：辜鸿铭化外文录》、洪治纲主编的《辜鸿铭经典文存》等。其中贡献最大的是黄兴涛先生。自1987年开始，黄先生经过近一年的努力，完成了《辜鸿铭文集》的编译工作。文集所收，包括辜鸿铭的中外文著作、论文和译著，是迄今为止收录辜氏著作最齐全的文集。此外，还有一些研究者将迄今所收集到的国内外各界人士谈论辜鸿铭的文章汇总结集出版，属于此类著作的有黄兴涛所编《旷世怪杰——名人笔下的辜鸿铭　辜鸿铭笔下的名人》、孔庆茂所编《中华帝国的最后一个遗老——辜鸿铭》以及宋炳辉所编《辜鸿铭印象》。所收文章的作者多为中华人民共和国成立前的学界名人，另有少量当代学人评论辜鸿铭的文章，虽然大多是散文性质的回忆录和简评文章，但对辜鸿铭研究来说仍是不可多得的参考资料。

20世纪90年代至今，由于辜鸿铭著述文集的整理出版，辜鸿铭研究

---

① 陈序经.评辜鸿铭的复古主张［M］//陈序经，邱志华编.陈序经学术论.杭州：浙江人民出版社，1998：152.

出现热潮，不仅出版了学术研究专著，高校也涌现出一批以辜鸿铭为研究对象的学位论文，国内期刊亦发表了大量研究辜鸿铭思想的学术论文。与此前相比，这一时期关于辜鸿铭研究的学术含量大大提升。以下主要从文化保守主义、中外文化交流、伦理道德思想三方面对 20 世纪 80 年代至今学界有关辜鸿铭研究的成果进行梳理。

（一）关于辜鸿铭与文化保守主义

从文化保守主义角度研究辜鸿铭，是辜鸿铭研究的热点与核心。这方面的奠基之作是美国学者艾恺（Guy S. Alitto）先生。他于 1991 年出版了《世界范围内的反现代化思潮——论文化守成主义》，该书虽然并非专门探讨辜鸿铭，但他对辜鸿铭的文化守成主义立场的分析却很精当，他认为辜氏并非一个反西方文明的中国文化民族主义者，而是一个既是东方也是西方的现代化的批评者。这一观点对后来的研究极有启发意义。此后，国内学界围绕辜鸿铭文化保守主义思想形成的背景及其内容、特点，以及如何评价辜鸿铭的文化保守主义等方面展开了研究，出现了不少研究成果。这些论文虽然立论各有差异，但有一个共识，即辜鸿铭是晚清一位文化保守主义者。持此观点的代表是黄兴涛先生。黄先生不仅在资料的收集整理方面为辜鸿铭研究做出了开创性贡献，而且是国内第一位系统全面研究辜鸿铭学术思想的学者。黄先生在其博士论文《辜鸿铭的文化活动及思想研究》的基础上，于 1995 年出版了学术专著《文化怪杰辜鸿铭》。在该书中他全面考察了辜鸿铭一生的文化和政治活动，认为辜氏的政治生涯不足惜意，他主要是一个文化人物，而且是一个奇特的文化保守主义者。黄先生从四个方面阐述了辜鸿铭的奇特之处，即精通西学却极端保守；是近代在西方文化思想界唯一产生过相当影响的学人；是五四之前"中学西渐"史上的一个独特代表；是一个既有别于封建顽固派又不同于洋务派、国粹派、东方文化派及新儒家，同时又与他们有着种种相似之处的独特的文化保守主义者。①

继黄兴涛先生之后，有相当多的学者从文化保守主义观点出发，在理论和方法上加深了对辜鸿铭文化保守主义思想的研究。如厦门大学田长生的硕士论文《辜鸿铭保守主义文化观浅析》，从辜鸿铭的文化观、中西文明比较观及中西优秀文化结合论三个方面阐述了辜鸿铭保守主义文化观的内容，该文认为辜鸿铭的保守主义文化观仅仅站在传统的立场上批判现代西方文明，而未能站在现代化的立场上反思传统。山东大学郭颖于2010年3月提交的博士论文《辜鸿铭政治心理分析》，从政治学角度，利用政治学理论，从政治心理、政治认知、政治情感、政治态度等方面分析了辜鸿铭形成文化保守主义的政治心理。认为辜鸿铭与其他文化保守主义者共通的政治心理特征是：浓厚的民族主义色彩、政治认知以文化认知为先导、道德本位，而其政治心理的特殊性则表现为政治保守与文化保守高度一致。

（二）关于辜鸿铭与中外文化交流

辜鸿铭是国人英译儒经的先驱，在近代中学西传方面具有独特的贡献。近年来，随着对外文化交流的深入发展，学术界聚焦辜鸿铭在中外文化交流方面的活动，出现了大量从文化交流角度研究辜鸿铭的论文。其中有两篇具有代表性的博士论文，即方厚升的《辜鸿铭与德国》、王东波的《论语英译比较研究：以理雅各译本与辜鸿铭译本为案例》。这两篇博士论文均以辜鸿铭与中外文化交流的关系为视角，但所研究的方法不同。方厚升从文化交流角度出发，利用德文资料，将宏观研究与微观研究相结合，重点探讨了辜鸿铭与德国之间的文化交流与互动。王东波先生则从历史文献学视角，探讨了辜氏《论语》译本与理雅各《论语》译

---

①　黄兴涛.文化怪杰辜鸿铭［M］.北京：中华书局，1995：5-12.

本在翻译技巧方面的不同。

（三）关于辜鸿铭的伦理道德思想

综观已有研究，从伦理道德方面探讨辜氏思想的成果屈指可数。首先，对辜鸿铭道德哲学思想进行较系统研究的仅有一篇硕士论文，即王佳的《论辜鸿铭的中国传统道德观》。该文从辜鸿铭文化保守主义思想切入，将辜氏伦理思想定性为传统道德观，分析了辜鸿铭传统道德观的成因、主要内容及特点。该文从七个方面归纳了辜鸿铭传统道德观的内容：一是对道德功能的重视，二是以善为本的人性论，三是以道德为基础的文明观，四是忠君尊王的孝义论，五是三从四德的女性伦理，六是尊崇儒教的思想特征，七是中庸渐进的变革观。在此基础上，论文分析了辜鸿铭传统道德观的特点，即浓烈的爱国情怀和民族意识、保守主义思想中的浪漫色彩、东西方文化的交融。最后，该文从总体上评价了辜氏思想，认为辜鸿铭是东西方文化的沟通者，真实反映了中国传统道德观的价值所在。指出辜氏思想的局限性在于：对文明的理解以及中西文明的评价存在偏狭，过分强调人的精神和道德修养，没有认识到经济的发展和物质的丰富是文明的组成部分；在对待儒学方面，作者认为辜鸿铭只接受了孔孟原儒家思想，没能重新认识儒家的人文精神，没有提出并解决如何使传统与现代化结合在一起的问题，认为辜氏仅仅站在传统的立场上批判现代西方文明，而没能站在现代化的立场上弘扬传统，因而对中西文化的评价并不公正。应该说，王佳的《论辜鸿铭的中国传统道德观》首次从道德哲学的视角分析了辜鸿铭的思想，在研究视域上具有开拓意义。但该文存在的问题在于：其一，该文虽然总结了辜鸿铭传统道德观的主要内容，但未展开较深入的分析，研究显得单薄，缺乏理论厚度；其二，对辜鸿铭的道德观总结不够全面，事实上，辜鸿铭在道德与文明、道德与宗教、道德与政治等诸多方面均有不少值得总结挖掘的、至今仍具有启发意义的观点；其三，该文总体而言述多于论，对许多概念缺乏学理分析，没有运用伦理学理论阐发辜鸿铭伦理道德思想的现代价值。由于以上存在的问题，王佳在评价辜鸿铭的伦理道德思想时，结论难免泛泛而谈。当然，该论文尽管存在以上问题，但它仍是本课题得以继续推进的出发点。

其次，朱寿桐先生从道德人文主义的视角分析了辜鸿铭道德思想的理论特征，其观点主要体现在《乖谬的道德本体论——辜鸿铭道德人文观的解析》及《论辜鸿铭的道德人文观》两篇论文中。朱文认为，辜鸿铭思想在人文主义的类属上属于白璧德式的道德人文主义。以美国白璧德为代表的新人文主义，特别强调自我人格修养和道德操守，将道德自律和道德完善视为人本内涵和人文本质，体现出道德人文主义的思维特性。朱先生指出，辜鸿铭与新人文主义虽然没有直接的关系，但他的道德本体的文化观、政治观体现了中国式道德人文主义的价值关怀。

朱文认为，辜鸿铭是一个绝对服膺中国传统文化的文人，而中国传统文化的主流是儒家道德文明，道德是中国政治文化中最具有刚性和力度的实质因素。因此，儒家道德文明正是辜鸿铭道德本位的新人文政治观念形成的内在依据，也是他与新人文主义观点相契合的文化基础。[①] 道德本位主义的确是辜氏思想的突出特点，也是其思想的最大理论局限，朱文的分析丰富了我们对辜鸿铭道德本位主义思想的理论认识，对本书的写作也具有启发意义。

再次，华东师范大学唐慧丽的博士论文《"优雅的文明"：辜鸿铭的人文理想新论》，以辜氏所设计的道德人格"优雅的人"为中心线索，探讨了辜鸿铭对现代文明物质主义的解决策略以及他的文化理想，首次从

---

① 朱寿桐．论辜鸿铭的道德人文观［J］．天津社会科学，2007（03）：115-120.

反思现代性的角度比较深入地分析了辜鸿铭思想的价值。作者认为，辜鸿铭并非是一个"文化民族主义者"，辜氏真正关心的并非清王朝的存亡，甚至也不是中华民族的复兴，其终极目标是如何从儒学中找到医治现代文明物质主义瘤疾的"良方"。唐慧丽认为，辜氏的文化理想以儒家君子人格为模本，设计出以"优雅"为特征的道德人格，将之推向西方，对西方人进行道德教化，从而在世界范围内重建道德秩序，以疗治西方现代化进程中所产生的物质主义的"瘤疾"。由此，该文评价辜鸿铭为"率先向中国人讲述现代化之负面性的思想先驱""最先认识到儒学具有世界意义、现代性意义的思想先驱"。作者认为，这两点也正是辜鸿铭思想的独到之处。关于辜鸿铭思想的偏颇，作者归纳为三点：一是辜氏分析问题所运用的道德视角的局限，二是辜鸿铭对儒家王道政体的乌托邦想象，三是他的"良民宗教"观。① 在反思现代性弊端的时代思潮中，唐慧丽博士的研究以新的视角挖掘了辜鸿铭思想蕴含的现代价值，其视角与许多观点对本书具有重要的启发和参考价值。但是，该文的局限在于，它仅仅从反思现代物质主义一个方面涉及了辜鸿铭思想的价值，事实上，辜氏反思现代性的思想触角远不只涉及物质主义，他对工具理性、道德相对主义、交易思想等现代性弊病均有所批判。

综上所述，有关辜鸿铭的研究无论是在资料的收集和整理方面，还是在研究视角与方法的多样化方面，均取得了令人瞩目的成果。然而从总体上看，开拓性成果多，深度力度不足；宏观性成果多，微观研究不足。② 从文化保守主义视角展开的重复性研究多，以新的视角展开的研究

---

① 唐慧丽. "优雅的文明"：辜鸿铭的人文理想新论 ［D］. 上海：华东师范大学，2010.

② 史敏. 辜鸿铭研究述评 ［J］. 烟台师范学院学报（哲学社会科学版），2003，20（01）：54－60.

成果极少。正如学者刘禾所指出的,"国内对辜鸿铭的研究如果不能摆脱通俗的'文化怪杰'论,那就很难解释辜鸿铭的历史作用和世界意义"①。因此,从反思现代性弊端、反思儒家思想的价值的研究立场出发,辜氏思想的价值仍然值得也有待于进一步深入挖掘。

三、研究思路与方法

(一) 研究思路

本书遵循历史与逻辑相结合的方法,采取总—分—总的研究思路。首先,分析辜鸿铭所处的时代背景、个人经历及思想渊源,解读辜鸿铭思想形成的时代背景与个人境遇的关系,尝试解读辜鸿铭之所以"怪"的原因。其次,通过对辜鸿铭文明观的归纳与分析,从总体上阐述辜鸿铭伦理思想的理论前提。再次,分别从现代性批判、政治伦理观、女性伦理观、儒家道德文明观四个专题论述辜鸿铭伦理思想的具体内容。最后,在以上各章的基础上,分析总结辜鸿铭伦理思想的价值取向、理论局限及其思想对当代的启示,以揭示辜鸿铭伦理思想的性质、局限及其历史与现实价值。

(二) 研究方法

1. 文献研究法。本书所研究的对象是一位已经逝去的历史人物,对历史人物的研究,主要是通过对其流传于后世的著作的分析,以彰显其思想价值。同时,尽可能通过历史文献的记载,还原历史人物所处的时代环境,以分析其历史价值。因此,文献研究法是本书拟采取的主要研究方法。

2. 归纳法。辜鸿铭并没有专门的伦理学著作,其伦理思想散见于各

---

① 刘禾. 帝国的话语政治 [M]. 北京:生活·读书·新知三联书店,2009:236.

论著之中，因此，本书将采取归纳法，通过概括和归纳，梳理辜鸿铭伦理思想的主要内容，并在此基础上提炼出其伦理思想的价值取向及理论特点。

3. 分析诠释法。本书将运用伦理学理论对辜鸿铭思想进行理论分析和现代诠释，以阐发其思想的伦理内涵及现代启示。

4. 价值分析法。从伦理学视角研究辜鸿铭思想，离不开价值分析法。伦理学是一门有关善的价值的科学，运用价值分析法，才能分辨辜鸿铭伦理思想中有价值和合理性的部分。

5. 多学科交叉的研究方法。辜鸿铭思想涉及社会学、政治学、文化学、宗教伦理学等诸多学科，因此研究将采取多学科交叉的研究方法。

四、研究内容、难点与创新点

（一）研究内容

本书共分八章，三部分。第一部分为绪论，主要阐述选题缘由与依据、文献及研究概况综述、研究思路与方法、研究内容、难点与创新点。第二部分为分论，包括第二至第七章。第二章分析辜鸿铭思想产生的时代背景、个人遭遇的身份认同困境、思想的中西理论渊源，以解读辜鸿铭独特思想形成的个人与时代因素。第三章归纳分析辜鸿铭的文明观，第一节归纳分析辜鸿铭文明观的特征，即道德文明观；第二节具体分析辜鸿铭的中西文明观，阐述中西比较视野中辜鸿铭对中西文明的评价，揭示其中西文明观的特点。第四章论述辜鸿铭对西方现代文明的伦理批判，其中主要涉及对基督教伦理、军事伦理、传媒职业伦理、现代教育伦理、道德相对主义等诸多具体领域的伦理批判。第五章论述辜鸿铭的儒学观。首先分析辜鸿铭独特的儒教观，其次阐述辜鸿铭对中国国民性的分析。第六章阐述辜鸿铭关于民主政治、君主政治与贵族政治德性的观点，分析辜鸿铭的保守主义政治伦理思想。第七章专门论述了辜鸿铭的女性伦理观，厘清其性别伦理思想包含的合理内涵及其思想局限。最后是结论部分，在前文的基础上总结分析辜鸿铭伦理思想的价值取向、理论局限与现实意义。

（二）研究难点

辜鸿铭是一位思想极其复杂的历史人物，其著述中既包含深刻独到的观点，也有偏激乃至错误的主张，加之其语言模糊的行文风格，准确地解读其思想内涵，客观地评价其思想观点，是本课题研究过程中所遇到的最大难点与困惑。此外，本课题旨在从伦理学视角解读辜鸿铭的思想，但是，辜氏并没有形成系统的伦理学理论体系，他关于伦理道德的观点散见于各种政论文、杂文、演讲词中，研究其伦理思想的过程实际上是作者构建辜鸿铭伦理思想体系的过程，如何做到研究的客观性是本选题的第二大难点。

（三）可能的创新点

第一，通过对辜鸿铭所处时代中西文明面临的困境以及辜鸿铭遭遇的身份与文化认同困境的分析，为解读辜鸿铭思想之所以"怪"提供一种可能的解释。

第二，通过归纳辜鸿铭对西方文明的伦理批判，首次系统论述了辜鸿铭对现代性的批判和反思，揭示了辜鸿铭伦理思想的历史与时代价值。

第三，首次较系统地论述了辜鸿铭的儒教观，为进一步深入研究儒家伦理思想的内涵，揭示儒家思想的当代价值，提供了可供参考的思想资源与思想批判资源。

第四，通过归纳论述辜鸿铭的女性伦理思想，厘清了辜鸿铭女性伦理思想的合理内涵和思想局限。

第一章

个人与时代的双重困境

在近代中国众多的文化名人中，唯独辜鸿铭被人们赋予"文化怪杰"的雅号。抛开他荒诞不经的言行举止不论，他的思想观点在近代中国的确是独树一帜的。有人评价他是"一个鼓吹君主主义的造反派，一个以孔教为人生哲学的浪漫派，一个夸耀自己的奴隶标帜（辫子）的独裁者"①。他的思想似乎充满着矛盾，令人无法理解。然而，如果我们从他所生活的时代、他的人生经历与教育背景出发来了解这个怪人，也许可以对他的"怪"给予"同情的理解"。

第一节　辜鸿铭思想产生的时代背景

辜鸿铭所处的时代，是人类社会发生质变的时代。这种质变首先从欧洲开始，进而遍及全世界。简而言之，这一全球性的变动，是人类社会从"传统"向"现代"的变迁。在新旧社会蜕变的过程中，维系人心与社会秩序的传统伦理道德体系逐渐崩溃，然而，新的价值共识远未

① 温源宁．一个有思想的俗人［C］//黄兴涛．旷世怪杰——名人笔下的辜鸿铭　辜鸿铭笔下的名人．上海：东方出版中心，1998：45.

达成。在西方，伴随现代化的发展，工业文明的种种弊端不断暴露，西方社会各种矛盾的激化最终导致了第一次世界大战的爆发。在中国，自19世纪中期开始，西方殖民主义的侵略使古老的中国面临严重的生存危机，传统儒家文明因无法有效应对这种危机而遭遇前所未有的困境。19世纪末20世纪初，从西方到东方，人类社会普遍出现混乱与无序状态。如何重整人心与秩序，成为人类必须面对和解答的时代难题。辜鸿铭关于伦理道德问题的思考，就是从这一重大的时代问题出发的。

一、近代西方文明的变迁及困境

19世纪的欧洲，在许多人眼里，几乎与"进步"变成了同义词。但是，物质领域的进步并不意味着精神世界的充实与提升。西方学者研究指出，"就在实证主义和物质主义胜利的时代中，人极力想逃避现实的思想却日益抬头，从文学作品中可以看得非常明显，人们在生活中向往的，不是机器和城市，而是过去的乡村文化。这种面向过去的趋势在精英文化的许多领域里都表现出来"①。与此同时，工业化和城镇化也改变了欧洲传统农村社会的生存模式。"在传统的农村社会，在精神上以基督教会为中心，神职人员左右着大众的思想。现在，大众从传统的社会机制和宗教组织中游离出来了。进入大城市的新居民，和周围的人萍水相逢，谁也不认识谁，整个环境是陌生的。这意味着传统社会的道德联结被隔断了，人们与家庭、邻里、本乡和教会的联结被削弱了。"②在思想和精神领域，曾经占据主导地位的价值和文化体系——基督教已

---

① 彼得·李伯庚. 欧洲文化史：下卷［M］. 赵复三，译. 上海：上海社会科学院出版社，2004：523.
② 彼得·李伯庚. 欧洲文化史：下卷［M］. 赵复三，译. 上海：上海社会科学院出版社，2004：525.

然失去效用。种种削弱宗教影响的社会思潮——物质主义、世俗主义和无政府主义被统称为"现代主义"。过去若干个世纪以来规范社会的宗教、政治、经济和社会结构的传统逐渐消逝，西方文明经历了从传统到现代的变迁。

但是，现代性并不是一种绝对价值。现代化的进程表明，物质生活的改善、社会组织制度的完善与人类道德和精神领域的提升并不是均衡的。英国历史哲学家汤因比甚至认为："人类道德行为的平均水平，至今仍没有提高。所以，在道德上说文明社会比原始社会高出一头，是完全没有根据的。我们通常称之为文明的'进步'，始终不过是技术和科学的提高，还有使用非人格的力量的提高。这跟道德上（即伦理上）的提高，不能相提并论。"① 汤因比的观点也许过于悲观，但近代西方社会的种种危机无不表明，以理性主义哲学为核心构建起来的西方现代文明，似乎正面临走向它的反面的历史困境。现代化的基本精神就是理性化。现代化说到底就是人类借助理性实现的对自然界和人类社会生活本身的控制能力的增长。然而，"当人类生活与社会的各个分离部分日益理性化后，整体似乎日益非理性化"②。如在经济领域，当经济体系的某一部分（如生产、销售、广告、技术等）愈益理性化与有效率，整个经济体系却变得越来越非理性。如战争的现代化便是人类理性走向其反面的最典型的例子。工具理性的过度膨胀、价值理性的失落，使启蒙运动所倡导的理性原则走向了它的对立面，这是西方现代文明所面临的深层困境。

---

① 池田大作，（英）阿·汤因比. 展望世纪——汤因比与池田大作对话录[M]. 荀春生，朱继征，陈国梁，译. 北京：国际文化出版公司，1997：375.

② 艾恺. 世界范围内的反现代化思潮——论文化守成主义［M］. 贵阳：贵州人民出版社，1991：228.

　　自 19 世纪以来，现代化在各个领域所暴露出来的弊端引发了不绝如缕的批评之声。据美国学者艾恺先生的研究，近代形成了一个世界范围的反现代化思潮。大部分的亚洲反现代化批评者都有西学背景，他们"都以不同的方式直接受影响于这种欧洲战后的惨淡景象，以及西方日增的认为其文化必定存在某些基本的误谬的想法"①。对辜鸿铭影响至深的浪漫主义思潮就是 19 世纪西方文化悲观主义的表现。18 世纪末 20 世纪初，西方文化悲观主义已经成为一种影响巨大的社会思潮，人们对现实感到悲观和不安，"一切存在的事物都不确定的看法十分流行。许多人认为，这是一个革命的时代。这种观点也以文化的各种形式表达出来"②。第一次世界大战的爆发，使西方文化悲观主义弥漫成一种社会思潮。战争似乎宣布了西方文明的破产，部分西方知识分子将目光投向古老的东方文明，尤其是中国文明和印度文明，他们希望从东方文明中获得一种智慧，来补救西方文明的缺陷和不足。西方人对西方文明的反思和对东方文明的某种程度的赞赏，使醉心于学习西方文明的中国人也开始反思西方文明和儒家文明的利弊得失，由此形成了民国初年的文化保守主义思潮。原本对西方现代文明持批判态度的辜鸿铭，在这样的时代环境中更坚定了他的立场。他说："我讨厌的东西不是现代西方文明，而是今日的西方人士滥用他们的现代文明的利器这一点。欧美人在现代科学上的进步确实值得称道。但就我所见，欧美人使用高度发达的科技成果的途径，是完全错误的，是无法给予赞誉的。"③ 辜氏认为西方的物质文明虽然发达，但是，因为没有一个高尚的道德标准作为文明

---

① 艾恺. 世界范围内的反现代化思潮——论文化守成主义 [M]. 贵阳：贵州人民出版社，1991：99.

② 彼得·李伯庚. 欧洲文化史：下卷 [M]. 赵复三，译. 上海：上海社会科学院出版社，2004：536.

③ 辜鸿铭. 辜鸿铭文集：下卷 [M]. 黄兴涛，等译. 海口：海南出版社，1996：279.

的基础，所以西方人滥用科学技术，滥用武器，导致了"一战"这样的灾难性后果。在他看来，以培养人们的道德责任感为旨归的儒家文明正是补救西方现代文明不足的良方。

二、儒家文明遭遇的挑战

在中国，近代西方文明的冲击使中国社会发生了翻天覆地的变化，经历了从传统向现代的转型。"在 19 世纪末到 20 世纪初的短短 30 多年时间里，儒学由中国人安身立命的基础和社会秩序合法性的基础，转变为新派知识分子眼中走向民主和自由的障碍物。"① 深重的民族危机，使中国知识分子对儒家文明产生了严重的认同危机。辜鸿铭所处的时代，正是制度化儒家解体以及儒学陷入困境的时代。近代西方对中国的挑战，在形式上是军事的、经济的、政治的侵略，在实质上则是西方现代文明对中国传统文明的挑战，中西冲突的实质是西方现代文明与中国传统文明的冲突，是工业文明与农业文明的冲突。在"传统"与"现代"的较量中，"传统"一步一步退却，中国人对西方现代文明的认同在加深，对儒家文明则开始产生认同危机。

自鸦片战争以来，儒家思想的独尊地位不仅在观念上开始发生动摇，而且在制度上逐渐解体。制度化儒家的解体使儒家思想陷入了前所未有的困境。② 制度化儒家的解体，始于中日甲午战争之后。清末新政在加速清王朝灭亡的同时，也使制度化儒家土崩瓦解。此时，以儒学为核心的传统学问已被冠以"旧学"之名，它意味着在知识分子心目中，

---

① 方克立.制度化儒家及其解体·序［M］// 干春松.制度化儒家及其解体.北京：中国人民大学出版社，2003.

② "制度化儒家"是指传统中国以儒家思想为理论基础构建起来的一系列政治社会制度，如君主制的政治体制，以科举制为核心的文化教育及人才选拔机制等等。（参阅干春松.制度化儒家及其解体［M］.北京：中国人民大学出版社，2003）

儒学已经不适应时代的需要。1911 年辛亥革命对君权的否定给予了制度化儒家致命的一击，君主制度的终结使儒家思想就此失去了政治合法性依据。民国初年袁世凯、张勋复辟帝制的行为，使儒家思想成为新文化运动着力批判的对象。在 20 世纪初的很长一段时间里，不论是中国还是西方，有一种观点很流行，即儒学要为中国近代大部分弊端负责。① 制度化儒家解体之后，儒学存在的唯一理由似乎就是作为近代中国贫穷落后的替罪羊，虽然人们采取的手段不同，知识立场不同，但却从各自的方向给儒家以最猛烈的攻击。②

然而，效法西方政治制度建立起来的中华民国，并没有让中国人看到繁荣富强的迹象，时人甚至认为："革命之后，国家变得越穷了，人民道德越坏了，国债借得越多了，政治方针越乱了，做官思想越熟了，百姓生计越促了，兵匪抢劫越盛了，瓜分之说越热了。"③ 民国初年的社会道德乱象使人们反思全盘否定传统所导致的社会后果。与此同时，第一次世界大战的爆发及其造成的灾难性影响，则使醉心于学习西方现代文明的中国人开始反思西方文明的弊端，重新把目光投向儒家思想。东方文化派、国粹派、现代新儒家等文化保守主义派别由此形成。辜鸿铭对儒家文明及其价值的思考，就是在这样的时代环境中形成的。

综上所述，辜鸿铭所处的时代，既是西方现代文明向全世界高歌猛进的时代，也是其现代性弊端充分暴露的时代；辜鸿铭所处的时期，既是儒家文明走向没落的时期，也是中国人为挽救民族危机全力拥抱西方现代文明的时期。辜氏的人生经历及所接受的西方教育，使他对西方现

---

① 狄百瑞. 儒家的困境 [M]. 黄水婴，译. 北京：北京大学出版社，2009：4.
② 干春松. 制度化儒家及其解体 [M]. 北京：中国人民大学出版社，2003：134.
③ 瞿骏. 辛亥革命与日常生活——以学堂学生与城市民众为例 [J]. 开放时代，2009 (07)：70－84.

代文明始终持批判态度。从西方所面对的时代问题出发，辜氏力图以儒家的道德文明补救西方现代性弊病。从中国所面临的民族危机出发，辜鸿铭猛烈抨击西方对中国的歧视和侵略，极力想证明儒家文明的优越性，试图通过中西文明的对话来化解中国的主权危机与文化危机。在西方，辜鸿铭批判现代性的思想观点引起了很多人的共鸣，他甚至被视为与泰戈尔齐名的东方哲人。然而，在中国，辜氏的苦心孤诣尚未被国人所理解。

第二节　辜鸿铭独特的人生经历

从某种程度上说，一个人的思想往往是其人生经历的自然流露。对于辜鸿铭这样一位独特的历史人物，如果脱离他的人生经历，我们就无法深入理解他的思想，进而容易将他简单化处理。因此，要真正理解辜鸿铭思想的成因，还需要从其特殊的人生经历中探寻。

一、辜鸿铭人生遭遇的认同困境

辜鸿铭生前身后在众人眼里都是一个"怪人"，"怪"往往意味着此人不合流俗，是社会的另类，是远离主流社会价值评价标准的边缘人。可以说，不被主流社会认同是困扰辜鸿铭一生的难题。

（一）异乡的"他者"

有人说，移民永远是文化上的失落者。漂泊在异国他乡的华人常常遭遇种族歧视，他们往往有更强烈的文化寻根意识。辜鸿铭的华侨家世渊源和他早年留学欧洲的经历，使他不可避免地遭遇到身份认同问题。

辜鸿铭诞生于英属马来半岛西北槟榔屿一个华侨世家。马来亚槟榔屿是华侨的重要聚居地之一，这里除了土著人和少量印度人外，半数以上的人口都是华人，他们大多来自福建、广东。这些人在当地的经济社会生活中发挥着举足轻重的作用。这些移民举家舶来，把中国文化与习俗也带到了这个小岛。他们在岛上建家族祠堂、中国式寺院。中国传统文化和习俗对辜家的影响也不例外。如辜鸿铭伯祖父辜安平曾中进士，担任林则徐幕僚。

据说辜鸿铭离开马来亚留学欧洲之前，父亲辜紫云曾告诫他："不论你的周围是英国人、马来人、印度人或德国人、法国人，你都不要忘了自己是中国人。"① 并要求他不得入基督教、不能剪辫子。罗家伦在回忆辜鸿铭的文章中曾说："他因为生长在华侨社会之中，而华侨常饱受着外国人的歧视，所以他对外国人自不免取嬉笑怒骂的态度以发泄此种不平之气。"② 父辈浓烈的民族意识和文化认同指向，对辜鸿铭产生了潜移默化的影响。

13 岁左右，辜鸿铭便被送往欧洲留学，其青年时代基本在欧洲度过。这段留学经历不仅使他在学术上深受西方文化的滋养，而且也使他敏感的心灵深切感受到西方人对中国人的种族歧视，这对他日后的文化认同产生了深远影响。辜鸿铭后来曾回忆说："我的父亲送我出洋时，把我托给一位苏格兰教士，请他照管我。我到了苏格兰，跟着我的保护人，住了许多时。每天出门，街上小孩子总跟着我叫喊：'瞧啊，支那人的猪尾巴！'我想着父亲的教训，忍住侮辱，终不敢剪辫子。"③ 另有一次，英国一位旅馆女侍看他留着辫子而误以为他是女孩子，曾试图阻

---

① 黄兴涛. 文化怪杰辜鸿铭 [M]. 北京：中华书局，1995：30.

② 罗家伦. 回忆辜鸿铭先生 [C] //黄兴涛. 旷世怪杰——名人笔下的辜鸿铭 辜鸿铭笔下的名人. 上海：东方出版中心，1998：35.

③ 胡适. 记辜鸿铭 [C] //黄兴涛. 旷世怪杰——名人笔下的辜鸿铭 辜鸿铭笔下的名人. 上海：东方出版中心，1998：23.

止他进入男厕所。① 这些经历，使辜鸿铭体会到因种族不同而招致的歧视，这给年幼的辜鸿铭留下了难以抹去的心理创伤，使他对西方人的种族歧视言论极为反感。留学英国期间，当一位英国人揶揄他的祭祖行为，诘问他祖先什么时候才会享用他的贡品时，他回击道："当你们的祖先闻到你们奉献的鲜花香味的时候。"林语堂曾回忆说："有一次我的朋友看见辜鸿铭在真光电影院，他的前面坐着一个秃头的苏格兰人。白人在中国到处都受到尊敬，辜鸿铭却以羞辱白人来表示中国人是优越的。他想点着一支一尺长的中国烟斗，但火柴已经用完。当他认出坐在他前面的是一个苏格兰人时，他用他的烟斗及张开的尖细的手指轻轻地敲击那个苏格兰人的光头，静静地说：'请点着它！'那个苏格兰人被吓坏了，不得不按中国的礼貌来做。"② 这种过激行为背后的原因，源于对西方人自我优越感的蔑视和对西方种族歧视的反击。事实上，近代西方人对中国的种族歧视言论是赤裸裸的。辜鸿铭曾说："现代英国人相信或试图相信他们自己是'海盗唯一的儿子'，正如一个英国佬最近在上海对我说：'你们中国人非常聪明并有奇妙的记忆力，但尽管如此，我们英国人仍然认为你们中国人是一个劣等民族。'"③ 这种肆无忌惮的种族歧视言论，加剧了辜鸿铭对西方人及西方现代文明的反感。

（二）同胞中的"另类"

如果说早年留学欧洲遭遇的身份认同困境，是导致日后辜鸿铭回归祖国的重要原因，那么，归国之后，身处同胞之中却被视为"蛮党"的尴尬，则使辜鸿铭再次面临文化身份的认同困境。辜鸿铭晚年应邀赴

---

① （美）高彦颐．缠足："金莲崇拜"盛极而衰的演变［M］．苗延威，译．南京：江苏人民出版社，2009：38．
② 林语堂．八十老翁心中的辜鸿铭［C］// 黄兴涛．旷世怪杰——名人笔下的辜鸿铭　辜鸿铭笔下的名人．上海：东方出版中心，1998：59．
③ 辜鸿铭．辜鸿铭文集：上卷［M］．黄兴涛，等译．海口：海南出版社，1996：13．

日本讲学时曾不无失落地说："在革命前的中国，受过教育的绅士，按日本人的说法，认为我是'蛮党'，因而不重用我。但是现在我的同胞，也就是新中国人还是不能用我。所以如此，主要是因为他们不知道我的为人，他们不仅认为我是非常保守的，而且是非常反动的。说我辜鸿铭是旧中国的人物。其实新中国的这些人对我的评价是完全错误的，我并非如他们所说带有旧中国的风气。"① 或许正是为了证明自己是一个地道的中国人，辜鸿铭表现出对儒家文明近乎偏执的认同。

1885 年中法战争期间，辜鸿铭经人引荐进入张之洞幕府，成为张之洞幕府的"洋文案"，且此后二十余年一直追随张之洞。初入幕府的辜鸿铭，被张之洞幕僚视为"蛮党"。据说辜鸿铭第一次拜见张之洞时，其不中不西的衣着打扮和言语举止便遭到张之洞的质询，他要求辜鸿铭赶紧脱掉洋装，留辫子，学官话，做个像样的中国人。为了尽快使自己成为一个"像样的中国人"，辜鸿铭更加刻苦地学习中国文化。为此，他曾向身边的同僚请教，然而却遭到拒绝。辜氏后来回忆说："我在张公幕府中，遍请那些翰林、进士老先生们教我汉文。他们的回答都是这一句话：'你是读洋毛子书的，没有资格读我们中国的经传。'"② 后来，辜鸿铭还将此经历在《读易草堂文集》中借逍遥游先生之口进行了追述："余师逍遥游先生（指辜鸿铭），聪敏好学，自少出游泰西诸邦，遍历其名山大川，博览其古今书籍，十年始返中土。时欲从乡党士人求通经史而不得，士人不与之游，谓其习夷学也。"由于"习夷学"而招致士大夫不愿与其交游。幕府同僚的文化歧视使辜鸿铭再次陷入身份认同困境。为了摆脱这种困境，辜鸿铭深入钻研中国文化，特

---

① 辜鸿铭．辜鸿铭文集：下卷［M］．黄兴涛，等译．海口：海南出版社，1996：284．

② 赵文钧．辜鸿铭先生对我讲述的往事［C］// 黄兴涛．旷世怪杰——名人笔下的辜鸿铭　辜鸿铭笔下的名人．上海：东方出版中心，1998：146．

别是儒家典籍，希望获得同胞的认同。

民国成立后，辜鸿铭对清王朝的拥护和对儒家文明的尊崇，使他在民国新派人物眼中成为"另类"。辜鸿铭再一次面临不被认同的困境。在清末民初剧烈的政治革新中，辜鸿铭以对清王朝自始至终的"愚忠"闻名于世。当然，"在他那里，清王朝的统治是和儒家文明相依相系的，它不是一个孤立的政权，而是传统文明统治方式的象征。这是他何以强烈地反对革命和顽固地敌视民国的思想基础"①。辜鸿铭对儒家文明的尊崇和对清王朝的愚忠，使他在民国时期成为"新派"讥讽和批判的靶子。陈独秀、胡适等北大"新派"教授对辜鸿铭守旧的言行大加讥讽。1918年6月杜亚泉主办的《东方杂志》从日文翻译介绍了西方舆论对辜鸿铭思想的反响，由此引发了新旧两派关于东西文化的大论战。辜鸿铭及其观点成为新派集中批判的靶子。李大钊、陈独秀先后撰文批判辜鸿铭及杜亚泉。如陈独秀曾写道："社会上主张和平缓进的人，往往总说主张革命急进的人太新了。其实在辜鸿铭的眼中看来，连主张缓进的人都未免太新了，因为辜鸿铭复古向后退，连缓进都要不得。"② 由于与时代新潮格格不入，1920年辜鸿铭最终被胡适等北大"新派"教授排挤出校园。此后，辜鸿铭一直郁郁不得志。英国文豪毛姆1921年曾访问辜鸿铭，他描述了辜氏当时的落魄形象："他的学识宏博，他那动人的语句把他所叙述给我听的中国历史的小枝节形容得有声有色。我不能自已地把他看作一个近乎悲哀的人物。他觉得自己有总理国政的才能，可是没有皇帝可以把重权信托他；他有广博的学识，他迫切地要传授给他的灵魂所眷恋着的大群的学生，可是来听讲的只是很小

---

① 黄兴涛．文化怪杰辜鸿铭［M］．北京：中华书局，1995：269.
② 陈独秀．讥议辜鸿铭三则［C］// 黄兴涛．旷世怪杰——名人笔下的辜鸿铭　辜鸿铭笔下的名人．上海：东方出版中心，1998：18.

数的、可怜的、面有饥色的、愚钝的乡下子弟。"① 毛姆眼中的辜鸿铭显然是一个不被同胞理解和认同，因而郁郁不得志的悲剧人物。

综上可以看出，辜鸿铭的一生始终面临着身份认同困境。早年留学欧洲，在西方人眼中他是一个来自异乡的"他者"，种族歧视使辜鸿铭备受身份认同困扰。回归祖国之后，他选择皈依儒家文明，然而，在中国传统士大夫眼里，他不过是一个具有西学背景的"蛮党"，对儒家文明的深度认同并没有使他获得同胞的认可。民国成立后，在新的时代潮流中，辜鸿铭对儒家文明的坚持，使他成为新社会里古怪顽固的"旧人物"。"一战"之后他虽然被西方人视为与泰戈尔齐名的东方圣哲，被甘地称为"尊贵的中国人"，然而，在同胞眼中，"辜氏，诚如他所害怕的，依旧是一个'外人'"。②

二、身份认同困境与文化价值选择

辜鸿铭独特的人生经历以及他所遭遇的身份认同困境，或可为他后来产生强烈的儒家文明认同提供一种解释。一般而言，对于个人，种族认同是相对稳定和不可选择的，而文化认同在一定意义上是可以选择的。在遭遇身份认同危机的刺激下，成年后的辜鸿铭选择通过儒家文明认同的方式，以确证自己的身份。在辜鸿铭看来，清王朝就是儒家政教文明理想的现实载体，因此，他以认同清王朝的方式来表达对儒家文明的认同。辜氏曾自我表白道："我的许多外国朋友笑话我，说我对大清王朝愚忠。但我的忠诚，不仅是对我世代受益承恩的王室的忠诚，在这

---

① （英）毛姆. 辜鸿铭访问记［M］//辜鸿铭. 辜鸿铭文集：下卷. 黄兴涛，等译. 海口：海南出版社，1996：599.

② （美）艾恺. 世界范围内的反现代化思潮：论文化守成主义［M］. 贵阳：贵州人民出版社，1991：154.

种情况下，也是对中国政教的忠诚，对中华民族文明理想的忠诚。"①
此外，辜氏对西方文明的批判和对儒家文明的认同，也是近代中西文化
冲突的结果。

依据文化认同理论，文化认同与文化冲突是相辅相成、不可分割的
两个方面。文化冲突固然会引起文化认同的危机，而文化冲突的最终结
果又总是强化了人们的文化认同，"我们"与"他们"的界限更明确
了，"我"与"我们"的范围更重合了。② 辜鸿铭独特的人生经历，使
他比大部分国人更了解西方现代文明的弊端，近代中西文明的冲突并没
有使他如国人一样经历文化认同危机，相反，当这种冲突以西方的
"强权"与殖民侵略的方式进行时，辜鸿铭加剧了对西方文明的反感，
从而进一步深化了对儒家文明的认同。

在晚清王朝与儒家文明风雨飘摇的时代里，辜鸿铭选择认同清廷和
儒家文明，这注定是一个悲剧。在现代文明的冲击下，中华民族正面临
由民族危机而产生的文化认同危机。儒家文明已经被视为近代中国贫穷
落后的罪魁祸首，辜鸿铭认同一个已经不被同胞所认同的文明，其结局
注定如清王朝和儒家文明一样，遭到无情的批判和嘲讽。

第三节　辜鸿铭伦理思想的理论渊源

辜鸿铭的思想是近代中西文明冲突与交融所结出的一枚独特的果
实。如果说19世纪英国的保守主义和浪漫主义奠定了辜鸿铭一生对西

---

① 辜鸿铭. 辜鸿铭文集：下卷 [M]. 黄兴涛，等译. 海口：海南出版社，1996：197.
② 崔新建. 文化认同及其根源 [J]. 北京师范大学学报（社会科学版），2004（04）：
　　102 - 107.

方现代文明的批判基调，那么，二十余年张之洞幕府的经历，则使辜鸿铭耳濡目染中国儒家文明，使他最终确立了对儒家道德文明的艰深信仰。

一、西学渊源：文化浪漫主义与政治保守主义

（一）欧美文化浪漫主义

浪漫主义思潮是 18 世纪末至 19 世纪初在欧洲兴起的一种对以启蒙理性为基础的资本主义文化的反思和批判的文化运动。一般哲学史把卢梭视为浪漫主义的先驱，因为他明确提出了反对理性和现代文明，发出了返璞归真、挽救人的自然情感的呼喊。① 这股思潮是西方社会对现代性（modernity）的第一次自我批判，它渗透到了社会文化的各个方面，但主要表现在文学领域。英国是工业革命的发源地，也是浪漫主义势力最强大的国家。这里的人文学者最早试图对现代性加以补弊纠偏，拯救濒于湮没的古典价值，形成强大的文化批判传统。② 浪漫主义在英国的主要代表人物前期有拜伦、雪莱、济慈，后期以卡莱尔、阿诺德、罗斯金为代表，其中又以卡莱尔最著名。在美国，著名的浪漫主义代表人物是爱默生。

浪漫主义思想的文化批判表现出以下几个特点。一是从各种角度批判发展中的资本主义文明。如卡莱尔在《文明的忧思》中揭示了 19 世纪英国社会道德沦丧、政治腐败、个人主义、拜金主义盛行等严重的社会问题。阿诺德集中批判了维多利亚时代英国人的庸俗和人与人之间赤裸裸的现金交易关系。罗斯金则抨击了物质主义和功利思想对文化艺术

---

① 李正义. 浪漫主义精神的哲学诠释［J］. 甘肃理论学刊，2009（05）：18 - 22.
② 王焱. 丑而可观辜鸿铭［C］. 黄兴涛. 旷世怪杰——名人笔下的辜鸿铭 辜鸿铭笔下的名人. 上海：东方出版中心，1998：226.

的破坏。浪漫主义的第二个显著特点是强调精神与情感、道德与正义、自然、宗教信仰等内在精神，而道德又是他们关注的焦点和思想的关键。浪漫主义思想家试图通过唤醒人们对内在感情、精神、自然灵性的体悟，来重整失落的人类精神家园。此外，对东方和中国文明的某种赞赏是某些浪漫主义者体现出的明显特征，这主要以卡莱尔和爱默生为典型。卡莱尔对中国的科举制度和贤人政治理想表现出赞许之情；爱默生则特别尊崇孔子，认为孔子是"哲学上的华盛顿"，对人类思想贡献很大。① 这些浪漫主义大师对西方现代文明弊端的揭露和批判，给年轻的辜鸿铭以巨大的影响，在很大程度上左右了他对资本主义文明的认识和评价。在日后的著作中，辜鸿铭频繁引用这些浪漫主义大师的言论，作为他批判西方现代文明的佐证。而卡莱尔、爱默生对儒家文明的正面评价，也为辜鸿铭皈依儒家文明起了思想先导作用。

以下分述卡莱尔、阿诺德、罗斯金、爱默生、歌德等浪漫主义思想家对辜鸿铭产生的重要影响。

1. 卡莱尔对辜鸿铭的影响

在众多的浪漫主义大师中，卡莱尔是对辜鸿铭影响最大的一位思想家。托马斯·卡莱尔（Thomas Carlyle，1795—1881）是英国 19 世纪维多利亚时代著名的诗人、散文家和历史学家，其主要代表作有《文明的忧思》《英雄和英雄崇拜》《法国大革命》。1873 年至 1874 年间，辜鸿铭以优异成绩考入英国爱丁堡大学文学院，此时卡莱尔正任职于该校。卡莱尔是辜鸿铭义父布朗先生父亲的好友。

在正式入学之前布朗先生带领辜鸿铭拜访了卡莱尔。在此后三个多月的时间里，辜鸿铭和布朗先生每晚都到卡莱尔家中龄听大师与其女儿

---

① 黄兴涛. 文化怪杰辜鸿铭 ［M］. 北京：中华书局，1995：19–26.

的交谈，他们的谈话涉及文史哲社科领域的各个方面，解答了上百个问题。入学之后，卡莱尔成为辜鸿铭的研究导师，可以说，辜鸿铭是这位浪漫主义大师在中国乃至东方世界第一个系统接触和了解浪漫主义思想的嫡传弟子。① 卡莱尔对工业文明的批判以及其保守复古倾向的政治观深刻地影响了辜鸿铭。

首先，卡莱尔对英国工业文明的批判影响了辜鸿铭对西方现代文明的看法。卡莱尔将他所处的时代称为"机械时代"。他认为，机器不仅主宰着物质世界，而且控制了人的精神世界。人们依赖机器、机制，人的自信心和主观能动性受到了极大的抑制，对任何自然的力量失去信心。② 卡莱尔实际上揭露了资本主义发展过程中人为物役的异化现象，他呼吁社会重视人们内在的精神生活。他区分了外部物质世界和人类内在的精神世界。他不仅认为科学技术属于物质世界，而且认为政治制度和法制文明等社会机制也属于外部物质文明。政治制度与法律体系是人类精神文明的物化，是一种刚性的外在约束，相对于内在的道德而言，确实是一种外在的物质力量。辜鸿铭在《良民宗教》一文中，将控制人心的力量分为物质力和道德力，辜鸿铭所指的"物质力"实质上就是国家的强制力，包括政治法律制度与军事力量。在他看来，道德力与物质力相比，是一种更加有效的力量。这一观点无疑受到了卡莱尔思想的启发。

其次，在政治观上，卡莱尔的"英雄崇拜"思想对辜鸿铭的政治观的价值取向影响尤甚。针对19世纪英国的社会危机，卡莱尔开具的救世良方是"英雄崇拜"（Hero - worship）。卡莱尔所说的"英雄"绝

---

① 黄兴涛. 文化怪杰辜鸿铭 ［M］. 北京：中华书局，1995：26.
② 殷企平. 走向平衡——卡莱尔文化观探幽 ［J］. 杭州师范大学学报（社会科学版），2010（03）：80 - 84.

不是一个简单的身份概念，他认为，一个人是否是英雄，并不取决于他的身份和地位，而在于他的道德品质。他说："英雄是永恒的天空中的一颗北极星"，英雄必须诚实、正直，具有神性；英雄行使统治权时，必须严格自我克制。卡莱尔的英雄观主要是针对当时英国道德教育在政治领域的委顿而言的，他认为社会的和谐不能仅靠法律的外在管束，最好的办法是通过执政者的道德教化，以化民成俗。卡莱尔认为，英国统治阶级已经彻底放弃了他们在道德教化方面的领导作用，这是社会道德腐化的重要原因。

卡莱尔的"英雄崇拜"政治观与中国儒家倡导的"贤人政治"理想非常契合。他说，尽管中国并没有成功地实现贤人政治理想，但这种尝试是多么可贵！在卡莱尔看来，一切宪法和革命的终极目的，应该是让有才智的、心灵高贵的人居于高位，否则，即使"宪法丰如黑莓，每个村镇都有议会，还是一无所得"①。辜鸿铭日后对中国传统政治的推崇和对西方及民国议会政治的批评，与卡莱尔的政治思想是遥相呼应的。

此外，卡莱尔对儒家文明与民主的看法，也深深影响了辜鸿铭。卡莱尔曾对辜鸿铭说："世界已经走上一条错误的道路。人的行径、社会组织典章、文物是根本错误的。……人类的一线光明，是中国的民主思想，可叹！据我所知，民主思想，在中国，始终没能实现；迨传播到欧洲而后，掀起了法国大革命，又好像一根划着了的火柴，一阵风吹灭了。徒有民主制度，没有民主精神。"② 卡莱尔对中国传统政治文明内在精神的评价，无疑影响了辜鸿铭对儒家政教文明的价值判断。

---

① 葛桂录．托马斯·卡莱尔与中国文化［J］．淮阴师范学院，2004（01）：52－56.
② 兆文钧．辜鸿铭先生对我讲述的往事（节录）［C］．//黄兴涛．旷世怪杰——名人笔下的辜鸿铭　辜鸿铭笔下的名人．上海：东方出版中心，1998：144.

2. 阿诺德对辜鸿铭的影响

马修·阿诺德（Mathew Anold，1822—1888）是对辜鸿铭产生重要影响的另一位英国思想家，其代表作《文化与无政府状态：政治与社会批评》，从思想到方法，均对辜鸿铭产生了全面而深刻的影响。

在思想上，阿诺德对英国社会"工具崇拜"的批判影响了辜鸿铭对西方现代文明的看法。阿诺德认为，与古希腊罗马文明相比，西方现代文明在很大程度上是"机器文明"，或称"外部文明"。批判"工具崇拜"构成了阿诺德对现代英国社会批判的主要方面。他尖锐地批判工业革命时代英国社会"对机械工具的信仰"，认为"世上没有哪个国家比我们更推崇机械和物质文明"。他说："对机械工具的信仰乃是纠缠我们的一大危险。我们常常相信机械能做好事，即便如此，这种信仰同它作为工具的功效也是极不相称的。但我们更是相信工具或手段本身，好像它自然而然就有价值。"① 阿诺德所说的"工具崇拜"不仅包括对机械工具的崇拜，也包括政治上对自由的崇拜。他说："我们崇拜自由本身，为自由而自由，我们迷信工具手段，无政府主义正在显化。因为我们盲目信仰工具，因为我们缺乏足够的理智光照，不能越过工具看到目标，不能认清只有为目标服务的工具才是可贵的。"② 阿诺德认为，英国人对"随心所欲的自由本身"的崇拜实质也是一种"工具崇拜"。在阿诺德看来，科学技术、政治自由等都是手段，人性的完美状态才是目标。辜鸿铭文明观对物质文明的轻视和对人的精神道德情操的强调无疑受到了阿诺德思想的启发。此外，阿诺德对无政府主义的批判

---

① （英）马修·阿诺德. 文化与无政府状态：政治与社会批评［M］. 韩敏中，译. 北京：生活·读书·新知三联书店，2008：12.

② （英）马修·阿诺德. 文化与无政府状态：政治与社会批评［M］. 韩敏中，译. 北京：生活·读书·新知三联书店，2008：42.

立场影响了辜鸿铭的政治立场。阿诺德认为，现代英国人对自由的盲目崇拜导致了无政府主义。对传统的尊重、对人性完美的终极追求、对稳定的社会秩序的强调，使得阿诺德反对导致社会无序与混乱的无政府主义。在晚清剧烈的政治革新中，我们从辜鸿铭的政治立场可以看出阿诺德无政府主义批判思想的痕迹。

在方法论上，辜鸿铭也深受阿诺德的影响，最明显的事例莫过于阿诺德关于英国社会阶层的划分方法。阿诺德将维多利亚时代的英国人分为三大阶级，即野蛮人、非利士人和群氓，分别对应贵族阶级、中产阶级和劳工阶级。在《中国牛津运动故事》一文中，辜鸿铭也以同样的方法将中国人划分成三个阶层：蛮族是满人，为生来的贵族；庸俗者指文人学士；中下层市民和劳工阶级则被归为群氓。很显然，这是对阿诺德方法的简单而直接的"拿来主义"。阿诺德对三个阶级道德品质的分析同样为辜鸿铭所效法。阿诺德认为，英国贵族最突出的特点是优雅，贵族完美的优雅气质是亚里士多德所说的适中的德性，相当于中世纪高尚的骑士风度。贵族拥有因生活环境而生成的"张扬个人主义的激情"。阿诺德认为英国贵族的美德是一种"'浅表层的内在美德'，因为他们思想肤浅，缺乏足够的理智之光"，其缺点则表现为轻侮傲慢。阿诺德对英国贵族的分析直接影响了辜鸿铭对"满洲贵族"的判断。辜氏认为，"满洲贵族"的优点在于其高尚的道德品质，其不足则是缺乏智识、耽于享乐、桀骜不驯。这与阿诺德对英国贵族的分析如出一辙。中产阶级是阿诺德着重批判的对象，他认为英国的"非利士人"（即中产阶级）最喜欢的就是"工具"，他们不追求"美好与光明"（即美德与智慧），而是崇拜工具，讲究实利。对于劳工阶级，阿诺德既肯定这个阶级勤劳的美德，但更多的是批判劳工阶级的无政府主义对社会秩序的扰乱。他评价道："从前长期陷在贫困之中不见踪影，现在它从蛰居

之地跑出来了，来讨英国人的随心所欲的天生特权了，并开始叫大家瞠
目结舌了：它愿上哪儿游行就上哪儿游行，愿上哪儿集会就上哪儿集
会，想叫嚷什么就叫嚷什么，想砸哪儿就砸哪儿。对于这人数众多的社
会底层我们可以起一个十分合适的名字，那就是群氓。"① 阿诺德对群
氓的批判，深刻影响了辜鸿铭对下层民众的看法，从《中国牛津运动
故事》一文中可以非常明显地看出这一点。

3. 罗斯金对辜鸿铭的影响

除卡莱尔、阿诺德之外，另一位对辜鸿铭产生重要影响的英国浪漫
主义思想家是罗斯金。约翰·罗斯金（John Ruskin，1819—1900），是
近代英国著名的文艺评论家、浪漫主义文化思潮的重要代表。他见证了
英国社会从农业文明向工业文明的迅速转型，以及由此引发的种种社会
问题和文化危机。罗斯金对工业文明的批判思想与卡莱尔一脉相承，也
与阿诺德相互呼应。他们都看到了 19 世纪英国社会物质极度繁荣的背
后，人们精神的贫困和社会伦理道德的危机。从引文分析，罗斯金主要
在以下几个方面影响了辜鸿铭的思想。其一，罗斯金对现代教育制度的
批判对辜鸿铭的影响最大。罗斯金曾指出："现代普通教育过程的唯一
结果是，导致了人们对其人生至关重要问题的所有可能的错误观点。"②
受此观点影响，辜鸿铭认为现代学校的"爱国主义"教育是导致第一
次世界大战的重要原因。其二，罗斯金对文明的看法影响了辜鸿铭的文
明观。罗斯金认为：文明意味着培养文明的人。对人的素质的强调，是
辜鸿铭文明观的核心，他认为，评价一个文明的价值，主要的不是物质
文明，而是人的教养。这与罗斯金对文明的看法是一致的。其三，罗斯

① （英）马修·阿诺德. 文化与无政府状态：政治与社会批评［M］. 韩敏中，译. 北
京：生活·读书·新知三联书店，2008：73.
② 辜鸿铭. 辜鸿铭文集：上卷［M］. 黄兴涛，等译. 海口：海南出版社，1996：498.

金对理性主义所导致的工具理性的膨胀对人的精神和情感的损害的批判，深得辜鸿铭认同。罗斯金认为，"现代制度的致命错误，在于剥夺了本民族中最精华的元气和力量，剥夺了勇敢，不计回报，藐视痛苦和忠实的一切灵魂之物；只是将其冶炼成钢，锻铸成一把无声无意志的利剑；思想的能力被削弱到最低限度。"① 罗斯金揭示了西方启蒙运动以来理性主义落实到制度上所导致的弊端。制度的理性化设计使人成为一种依附于制度安排的没有感情与思想的工具，人的价值和主体精神都被抑制。这是西方现代文明内在的深刻悖论。罗斯金批判理性主义的弊端，他认为理性只能决定什么是真实的，"上帝所赐予的人类情感，才能体认上帝所制造的善"。辜鸿铭对工具理性的抨击和对价值理性的强调，以及对人类情感的重视，都体现了罗斯金思想对辜鸿铭的影响。

4. 爱默生对辜鸿铭的影响

爱默生（Ralph Waldo Emerson，1803—1882），是 19 世纪美国浪漫主义思想家和文学大师，是具有世界影响的文坛巨人。爱默生对国际强权政治的批判和对爱与正义的呼吁，深得辜氏认同。针对在国际政治中西方国家凭借强大的武力恃强凌弱的不道德行为，爱默生曾说："我能轻易地看到庸俗卑鄙的滑膛枪崇拜的破产——尽管大人物们都是些滑膛枪崇拜者；正如上帝存在一样，毫无疑问不能以枪易枪，唯有以爱和正义的法则，方能导致一场干净的革命。"② 爱默生所说的"爱与正义的法则"最为辜鸿铭赞同，他将这句话诠释为"道德力量"或"君子之道"，并反复加以征引，用以表明他所主张的以道德力量解决国际政治问题的观点。此外，爱默生对儒家思想尤其是孔子的赞赏，在一定程度上为辜鸿铭日后皈依儒家道德文明做了思想铺垫。据统计，爱默生自

---

① 辜鸿铭. 辜鸿铭文集：上卷 [M]. 黄兴涛，等译. 海口：海南出版社，1996：94 - 95.
② 辜鸿铭. 辜鸿铭文集：下卷 [M]. 黄兴涛，等译. 海口：海南出版社，1996：21.

1836 年前后对儒家思想发生兴趣后，先后摘引孔子和孟子的言论多达上百条，内容涉及儒家有关道德、人性、修身、治学等方面的思想。①爱默生对孔子思想更是推崇备至，他夸赞孔子为"东方圣人""哲学中的华盛顿"，认为孔子在基督诞生之前的大批哲学家中堪称第一，并认为孔子的道德学说具有超越时空的普世价值。爱默生对孔子和儒家道德文明的赞美态度，无疑对辜鸿铭日后深度认同儒家文明起过思想先导作用。

5. 歌德对辜鸿铭的影响

德国浪漫主义文学巨匠歌德是辜鸿铭最为推崇的欧洲人。辜鸿铭少年时代留学欧洲时，便在义父布朗先生的指导下背诵歌德的《浮士德》。歌德博大的人道主义精神对辜鸿铭产生了深刻影响。歌德的人道主义精神建立在他的人性论基础上，他认为人性中不存在绝对的恶，他说："我们所谓人性中的恶，不过是一种不完善的发展，一种畸形或变态——某种道德品质的缺失或不足，而不是什么绝对的恶。"② 辜鸿铭认为，歌德对人性的态度与孔子隐恶扬善的智慧一样深刻，这是一种"能够在事物的本性中只见其善而不见其恶"的伟大智慧。有学者指出，歌德人生哲学和社会理想的核心是欧洲文艺复兴以来的人道主义和人本主义思想。但歌德超越了个人主义的"小我"，他所关心的常常是人类和世界面临的共同问题。歌德博大的人道精神使其思想往往突破地域、民族、宗教、国家的界限和时代的束缚。③ 正是这种博大的胸怀，使歌德认为人类应学会"温和地对待罪人""宽容地对待违法者""像

---

① 王龚奋. 爱默生超验主义与中国儒家思想的不解之缘 [J]. 重庆科技学院学报（社科版），2009（11）：121-122.

② 辜鸿铭. 辜鸿铭文集：上卷 [M]. 黄兴涛，等译. 海口：海南出版社，1996：549.

③ 杨武能. 思想家歌德 [J]. 四川大学学报（哲学社会科学版），2004（06）：

真正的人一样对待非人"。歌德的人道主义精神深深影响了辜鸿铭。针对当时德国人的种族歧视和殖民主义，辜鸿铭说："只要无私和仁慈——那么不论你是犹太人，中国人还是德国人，也不论你是商人、传教士、军人、外交官还是苦力——你都是一个基督之徒，一个文明之人。但假若你自私和不仁，那么即使你是全世界的皇帝，你也是一个乱臣、贼子、庸人、异教徒、夷、蛮子和残忍的野兽。"① 辜鸿铭呼吁欧美人在对待中国问题时，采纳歌德的信念，即"仁慈地对待他人，体谅地对待违法者，甚至人道地对待野蛮行为"。可见，歌德博大的人道主义思想不仅影响了辜鸿铭对人性的看法，而且成为辜氏批判近代欧美霸权主义政治的思想武器。

（二）英国的政治保守主义

如果说 19 世纪欧美的浪漫主义是影响辜鸿铭的最重要的文化思潮，那么，18 世纪末埃德蒙·伯克（Edmund Burke，1729—1797）开创的英国保守主义传统则是在辜鸿铭思想中烙下重要痕迹的西方政治思想。

18 世纪末爆发的法国大革命催生了英国的保守主义。保守主义是英国光荣革命和法国大革命所遵循的原则相冲突的产物，是对法国革命的反动。正是在对法国大革命的批判中，埃德蒙·伯克开创了英国的保守主义传统。伯克的保守主义主要体现出如下思想特点。首先是对历史和传统的极端尊重。保守主义者认为，"历史"是一种经验理性，一个民族长期积淀的经验就是一个民族或国家的传统，应该得到尊重。其次是对权威和秩序的尊重。保守主义认为历史和传统是自然形成的权威。当然，保守主义者看重的权威并不仅仅是政治权威，更不是政治威权主义。第三，重视宗教与道德在人类社会中的作用。在英国的历史进程中

① 辜鸿铭.辜鸿铭文集：上卷［M］.黄兴涛，等译.海口：海南出版社，1996：116.

基督教作为一种占据主导地位的宗教道德文化体系，深深地根植于社会生活的各个层面。基督教之于英国就如儒家思想之于中国。因此，保守主义者无不强调宗教的极端重要性，并把它看成国家和社会的基石。第四，保守主义认为平等并不意味着社会没有等级。伯克认为法国大革命错误地理解了平等。他认为人人享有同等的权利但这并不意味着他们得到的是同样的东西。这就如同一个股份公司一样，每一个股东都享有相同的权利但他们并不平分红利，拥有更大股份的人显然应该多分。要求平分利润显然否决了多持股者的"平等"权利。① 以上保守主义的思想观点，对辜鸿铭政治伦理思想的价值取向产生了深刻影响。

如果说，英国的浪漫主义思想奠定了辜鸿铭对西方现代文明的批判基调，那么，伯克的保守主义则成为辜鸿铭批判近代中国革命乃至改良的理论武器。但是，正如有学者所指出的，辜鸿铭与当代中国不少文人一样，他们虽然继承了英国浪漫派的文化批评传统，但却没有学会浪漫派在社会政治领域中的自觉与节制。②

二、中学渊源：儒学

辜鸿铭于 1885 年进入张之洞幕府之后，开始全面接触和了解儒学。此后逐渐形成了对儒家道德文明的坚深信仰。儒家思想成为辜氏伦理思想最重要的中学渊源。

张之洞事实上成为引领辜鸿铭进入儒家文明殿堂的导师。辜氏后来回忆说："由于我青年时代基本上在欧洲度过，因此我刚回国时对中国

---

① 陈晓律. 英国式保守主义的内涵及其现代解释 [J]. 南京大学学报（哲学·人文科学·社会科学），2001（03）：79 - 89.

② 王焱. 丑而可观辜鸿铭 [C] //黄兴涛. 旷世怪杰——名人笔下的辜鸿铭　辜鸿铭笔下的名人. 上海：东方出版中心，1998：228.

的了解反不如对欧洲的了解。但非常幸运的是，我回国后不久，就进入了当时中国的伟人、湖广总督张之洞的幕府。我在那儿待了多年。张之洞是一个很有名气的学者，同时也是一个目光远大的政治家。由于这种契机，使得我能够同中国最有修养的人在一起朝夕相处，从他们那儿，我才对中国文明以及东方文明的本质稍有解悟。"① 可见，辜鸿铭对儒学的深入了解，得益于张之洞幕府的经历。张之洞是晚清具有深厚儒学修养的政治家，他不仅在学术上有着颇深的儒学造诣，而且对儒家伦理纲常有着坚定的信仰。张之洞虽然由早期的清流派转化为后来洋务派的中坚人物，提倡"中体西用"，倡办洋务，但正如辜鸿铭所言，张之洞参与洋务运动的目的不在于"效西方""慕欧化"，而在于"借富强以保中国，保中国即所以保名教"②。"保名教"即维护儒家伦理纲常于不坠。在辜鸿铭心目中，张之洞是一个典型的"儒臣"。张之洞对儒学的尊崇，对辜鸿铭伦理思想的价值取向产生了重要影响。从《张文襄幕府纪闻》和《中国牛津运动故事》两本书中，都可以清楚地看出张之洞思想对辜鸿铭的影响。

此外，张之洞幕府中聚集了一大批对儒学具有坚定信仰的旧式学者和文人，在长期耳濡目染的儒家文明氛围中，辜鸿铭逐渐形成了对儒家文明的尊崇。张之洞幕府是晚清继曾国藩幕府之后，在 19 世纪与 20 世纪之交规模最大的幕府，幕府中精英荟萃。张之洞幕府有着与曾国藩、李鸿章幕府不同的特点，张幕不是以血缘、地缘关系构建的，而是以一定的学缘关系为纽带，其幕府成员以书生、学者居多，有较浓郁的文化

---

① 辜鸿铭. 辜鸿铭文集：下卷［M］. 黄兴涛，等译. 海口：海南出版社，1996：311 - 312.

② 辜鸿铭. 辜鸿铭文集：上卷［M］. 黄兴涛，等译. 海口：海南出版社，1996：419.

氛围。① 时人评论张之洞"用人则新旧杂糅，而以老成人为典型；设学则中西并贯，而以十三经为根底"②。因此，幕府中聚集了许多政治思想保守，且对儒家思想有精深研究和深厚信仰的旧学硕儒。像赵凤昌、梁鼎芬、沈曾植、罗振玉、郑孝胥、梁敦彦等人，都对辜鸿铭皈依儒家道德文明产生了潜在的影响。

综上所述，辜鸿铭的思想是西方文化浪漫主义、政治保守主义和中国儒家思想交融的产物。关于辜鸿铭思想结构中的西学与中学之关系，吴宓在《悼辜鸿铭先生》一文中曾有一段相当精准的评论。他说："辜氏身受英国之教育较为深彻长久，其所精心研读之作者，为英国之卡莱尔、安诺德、罗斯金及美国之爱默生等。由吾人观之，辜氏一生之根本主张及态度，实得之于此诸家之著作，而非直接得之于中国经史旧籍。其尊崇儒家，提倡中国之礼教道德精神，亦缘一己之思想见解确立之后，返而求之中国学术文明，见此中有与卡莱尔、安诺德、罗斯金、爱默生之说相类似者，不禁爱不忍释，于是钻研之，启发之，孜孜焉，举此中国固有之宝藏，以炫示西人。此实辜氏思想学说真正之渊源。"③此论道出了近代西方浪漫主义思想对辜鸿铭的深远影响，以及他尊崇儒家道德文明的思想前因，实为确论。

浪漫主义思想与儒学之间存在着诸多契合之处，如浪漫主义批判物质主义和享乐主义，重视人的精神状态的和谐，与儒家重义轻利思想存在相似之处；浪漫主义对道德的关注与儒家以伦理道德为核心的思想特点具有理论上的相通性；浪漫主义思想家对贤人政治的推崇与儒家的贤

---

① 黎仁凯. 张之洞幕府［M］. 北京：中国广播电视出版社，2005：41.
② 黎仁凯. 张之洞幕府［M］. 北京：中国广播电视出版社，2005：43.
③ 吴宓. 悼辜鸿铭先生［C］// 黄兴涛. 旷世怪杰——名人笔下的辜鸿铭　辜鸿铭笔下的名人. 上海：东方出版中心，1998：4-5.

人政治理想相契合。此外，歌德作品所贯穿着的正义战胜邪恶的主题，以及所洋溢的克己的道德精神，与强调道德修养和克己复礼的儒家文明也有相通之处。① 正是因为浪漫主义思想与儒学在理论上具有诸多契合之处，所以儒学能引起辜鸿铭强烈的思想共鸣，以至回国深入地研习儒学之后，发出"道固在是，无待旁求"的感慨。

① 黄兴涛. 文化怪杰辜鸿铭［M］. 北京：中华书局，1995：28.

第二章

辜鸿铭的道德文明观

18 世纪以来，西方逐渐形成了西方中心文明观。19 世纪的欧洲人，"把许多思想能量、外交能量和政治能量投入于详细阐述一个标准，根据它来判断非欧洲人的社会是否充分'文明化'到可以被接受为欧洲人所支配的国际体系的成员"①。"文明"成为一个隐含着价值优劣的判断标准，这个标准就是西方文明。近代西方的殖民主义和种族歧视政策就建立在这种西方中心主义的文明观基础之上。辜鸿铭在驳斥这种观点的基础上，阐述了他的道德文明观。

第一节　论文明与道德

一、论"物质力"与"道德力"

（一）物质文明不能作为评价文明价值高低的标准

近代西方科学技术和工业经济的飞速发展，创造了丰裕的物质文

① 塞缪尔·亨廷顿. 文明的冲突与世界秩序的重建 ［M］. 周琪，等译. 北京：新华出版社，2010：19.

明，极大地改善了西方人的物质生活条件。部分西方人因此以物质文明的发展水平作为衡量一个文明价值高低的标准，在与其他民族文明的比较中形成一种文明优越感。辜鸿铭批判了此种以物质文明作为评价文明价值高低的标准的观点。

在《文明与无政府状态》（又名《远东问题中的道德难题》）一文中，辜鸿铭指出，欧洲人尤其是英国人，习惯于把物质文明视为衡量一个民族文明价值高低的标准。辜鸿铭否定了这种观点。他认为，物质文明是文明的重要组成部分，但它并不是文明本身，更不能作为判断一个文明价值高低的标准。其原因在于，物质生活水平不是恒久不变的、稳定的，它会因外界条件的变化而发生重大改变，这就如物理学上的热现象。他说："热在一个动物体内是生命和健康的条件，但是动物体内的温度本身却并非衡量其内部结构组织完好或粗劣的真正与绝对的标准。一个结构组织真正完好的动物躯体会因某种反常原因而变得很冷。"同理，"某一民族的生活水平也可能由于某种经济原因而变得十分低下，但它本身却不是该民族道德文化或文明的证据。爱尔兰的土豆歉收和大不列颠长期持续的贸易萧条，可能极大地降低了这些国家的生活水平，但是人们却不能由此判断说爱尔兰人和英国人已经变得不怎么文明"①。辜鸿铭的论述实际上表达了如下观点：物质文明是易朽的，而"文明"具有稳定性、持久性。亨廷顿在论及文明的性质时也曾指出，文明的独特性在于它的历史延续性和持久性，文明虽有演变、调整，乃至终结，但它是"极其长久的现实"，是"所有史话中最长的史话"，即使是政治制度也只是"文明表面转瞬即逝的权宜手段"②，更遑论易朽的物质

---

① 辜鸿铭. 辜鸿铭文集：上卷［M］. 黄兴涛，等译. 海口：海南出版社，1996：172.
② 塞缪尔·亨廷顿. 文明的冲突与世界秩序的重建［M］. 周琪，等译. 北京：新华出版社，2010：22.

生活水平。

　　基于以上理由，辜鸿铭认为物质文明只能作为文明的"条件"，它并不代表文明本身。换言之，物质文明不能反映文明的本质，它仅是文明的一个组成部分，而不能作为判断一个文明价值高低的标准。

　　辜鸿铭并非否定物质文明的重要性，相反，他认为一切文明都起源于对自然的征服，征服自然所取得的成果便是物质文明。而且，他也认为欧洲的现代文明在征服自然方面取得了巨大的成功，迄今为止没有任何别的文明在物质文明方面能赶上欧洲的成就。然而，辜鸿铭指出，人类所要面对和征服的不仅有"自然力"，还有一种比"自然力"更难以征服的力量——那就是蕴藏于人心的欲望。在他看来，"自然力"对人类所能造成的伤害，是没法与人类自身失控的欲望给人类造成的伤害相比的。如果人类的欲望不加约束和调控，那么不仅无所谓文明存在之可言，而且连人类的生存也是不可能的。

　　（二）"物质力"与"道德力"

　　辜鸿铭认为，在人类社会的初始阶段，原始人群不得不受制于纯粹的物质力量。但随着文明的进步，人类逐渐发现，在征服和控制人类情欲方面，有一种比"物质力"更加强大和更加有效的力量，那就是"道德力"。[①] 他认为，与征服"自然力"而取得的物质文明成果相比，征服人类欲望而取得的道德文明的成果是更重要的衡量一个文明价值高低的标准。"物质力"和"道德力"两个概念是理解辜鸿铭文明观的关键。受卡莱尔批判"机械时代"的影响，辜鸿铭不仅将人类在征服大自然的历程中所取得的物质文明成果视为"物质力"，而且将政治制度、军事力量、法律制度等国家强制力量也称为"物质力"。如果说

---

① 辜鸿铭. 辜鸿铭文集：下卷［M］. 黄兴涛，等译. 海口：海南出版社，1996：19－20.

"物质力"是调控人类社会秩序的外在的刚性力量，那么，"道德力"就是指建立在自律基础上的调控人心与社会秩序的伦理道德体系。辜鸿铭认为，"道德力"是比"物质力"更强大有效的调控人心社会秩序的力量。

由以上可知，辜鸿铭将文明分为物质文明与道德文明，其中，物质文明既包括科学技术成果，也包含制度文明。在辜鸿铭看来，估价一个文明价值高低的标准，不是物质文明，而是道德文明，而道德文明的价值则通过人的教养水平的高低体现出来。因此，人的素质是衡量一个文明价值高低的标准。

二、"人的类型"是估价文明价值高低的标准

在《中国人的精神》一书的序言中，辜鸿铭指出："要估价一个文明，我们最终必须问的问题，不在于它是否修建了和能够修建巨大的城市、宏伟壮丽的建筑和宽广平坦的马路；也不在于它是否制造了和能够造出漂亮舒适的家具、精致实用的工具、器具和仪器，甚至不在于学院的建立、艺术的创造和科学的发明。要估价一个文明，我们必须问的问题是，它能够生产什么样子的人（What type of humanity），什么样的男人和女人。事实上，一种文明所生产的男人和女人的类型，正好显示出该文明的本质和个性，也即显示出该文明的灵魂。"① 显然，在辜鸿铭看来，"人的类型"最能显示文明的本质和个性，"人"才是估价一个民族文明价值高低的标准。

辜鸿铭所说的"人的类型"实际上是指人的教养水平。他曾以一个事例表达了这一观点。他转引了一位英国皇家海军上尉 1816 年访问

---

① 辜鸿铭．辜鸿铭文集：下卷［M］．黄兴涛，等译．海口：海南出版社，1996：5.

朝鲜时对一位朝鲜下级官吏美好印象的描述："他那种彬彬有礼和悠然自在，实在令人欣羡。考虑到迄今为止他很可能连我们的生存方式也一无所知时，却能在行为举止上表现出这种得体有礼的风度，仅此似乎已表明，而毋需别的情形来证实：他不仅已进入到社会上层，而且已达到其所在社会的文明的高度。实际上，让人感到奇妙的是，在不同的国家，无论社会状况可能存在多大的差异，其礼貌都是大体相同的。这种优良品性在那位朝鲜官员身上便得了极好的证实。他肯定可以被看成是一个世界任何地方都有的教养好、观察敏锐的人。"① 辜鸿铭认为，一切能产生像这位朝鲜下级官吏一样举止行为有礼貌的有教养的人的社会，都是一个文明的社会。由此可见，辜鸿铭所谓"人的类型"是指人的道德教养水平，他认为这最能体现一种文明的本质，最能反映一种文明价值的高低。一个民族的人的道德教养水平是通过一种文明长期熏陶滋养而形成的，因此，人的教养水平，便可以评估一种文明价值的高低。

三、文明的真正内涵是"道德标准"

什么是文明？对此问题辜鸿铭并没有给出一个确切的定义，他说："欲解释全世界各国的文明就有如对单个人来说什么是真正的教育那样，实在很难下一个确切的定义。"② 但他提出，文明的真正内涵应该是一种"道德标准"。

辜鸿铭以道德文明作为文明的本质内涵，源于对"一战"及西方现代文明的反思。辜鸿铭严厉谴责了西方国家在战争中滥用武器技术的行为。他指出，如果以西方现代文明的物质水准去衡量欧战前德国的文

① 辜鸿铭. 辜鸿铭文集：上卷［M］. 黄兴涛，等译. 海口：海南出版社，1996：172-173.
② 辜鸿铭. 辜鸿铭文集：上卷［M］. 黄兴涛，等译. 海口：海南出版社，1996：172.

明程度，那么德国人无疑称得上世界上最文明的国民，因为德国人将他们的"文明利器"发展完善到其他民族所不能及的地步。然而，德国人滥用武器不但给本国人，也给世界带来了巨大灾难。因此，辜鸿铭说："我对西方文明的厌弃，不是厌弃其文明所表现出来的物，而是讨厌所有的欧洲人而不仅仅是德国人滥用现代文明的利器这一点。"① 辜鸿铭认为，欧美人在现代科学上的进步确实值得称道，但他们使用高度发达的科技成果的途径，则是完全错误的，是无法给予赞誉的。西方人在战争中滥用武器的行为，使辜鸿铭得出如下结论：欧洲人只注重发展科学技术等物质文明，而忽视了伦理道德文明的发展。然而，在他看来，伦理道德文明才是一个文明得以存在的根基。他说："就像《圣经》里所记载的建造巴比伦塔的人一样，欧美人只顾将其文明一个劲地加高，而不顾其基础是否牢固。因此，欧洲的现代文明虽然确实是一个让人叹为观止的庞大建筑物，但它就像巴比伦塔一样面临着即将倾覆崩溃的命运。"② 正是基于对"一战"和西方现代性的反思，辜鸿铭提出了他的道德文明观。他认为，道德文明应该是驾驭物质文明的伦理道德基础，离开了伦理道德的约束，人类所创造的物质文明带给人们的可能不是福祉而是灾难。"一战"的灾难性后果证实了这一点。就此而言，辜鸿铭文明观对道德的基础性作用的强调，具有很强的现实针对性。

由此，辜氏认为："文明的真正含义，也就是文明的基础是一种精神的圣典。我所说的'道德标准'，指的就是这个。"③ 在他看来，欧洲文明原有的道德标准已经陈腐不堪，不能指导人们正确地寻找生活的意

---

① 辜鸿铭. 辜鸿铭文集：下卷［M］. 黄兴涛，等译. 海口：海南出版社，1996：279.
② 辜鸿铭. 辜鸿铭文集：下卷［M］. 黄兴涛，等译. 海口：海南出版社，1996：279-280.
③ 辜鸿铭. 辜鸿铭文集：下卷［M］. 黄兴涛，等译. 海口：海南出版社，1996：280.

义。而与现代物质文明相适应的新的伦理道德标准尚未制定出来，欧洲
要想正确地使用"文明的利器"，必须有一个新的高尚的道德标准。在
他看来，中国文明就是一个有着高尚的道德标准的文明。在英译《中
庸》一书的序言中，辜鸿铭阐述了这一观点。他说："在人类朝着他们
进步的方向上面，中国文明树立了一种理想的目标，它不是要限制每个
人的快乐，而是限制自我放纵。"① 他认为，中国文明的目标就是限制
人心的自我放纵，培养民众的道德责任感，而《中庸》就是阐述道德
责任感的经典之作，正是这种"道德责任感"构成了中国文明设计下
的人类行为和社会秩序的基础。② 在他看来，中国文明不仅将道德责任
感作为建立社会秩序的根本基础，还把培育人们的道德责任感作为教育
和社会管理的唯一目标。因此，他认为，这种以道德责任感为根基的文
明才是一个道德的、真正的文明。

综上可知，辜鸿铭的文明观实质上是一种以伦理道德为基础或灵魂
的文明观。其观点既具有现实针对性与理论合理性的一面，也暴露出道
德本位主义的理论局限。

首先，辜鸿铭文明观对道德在文明中的基础性作用的强调，体现了他
对伦理秩序在人类文明中的基础性作用的深刻洞见。现代社会的人们往往
将伦理道德与人类社会的政治经济等领域分离，似乎伦理道德应当与政治、
经济、法律等领域一样，有自身独特的存在域。但正如高兆明先生所指出
的，如果说政治、经济、法律等领域属于实证领域，那么伦理道德则属于
自由的领域，前者通过后者而获得自由。也就是说，伦理道德并没有独特
的空间域，它仅存在于各具体实证领域中。③ 这也就意味着伦理秩序并不

---

① 辜鸿铭. 辜鸿铭文集：下卷 ［M］. 黄兴涛，等译. 海口：海南出版社，1996：511.

② 辜鸿铭. 辜鸿铭文集：下卷 ［M］. 黄兴涛，等译. 海口：海南出版社，1996：512.

③ 高兆明. "伦理秩序"辨 ［J］. 哲学研究，2006（02）：108–112.

是一个单独存在的秩序，伦理秩序是一种既无所在又无所不在的秩序，它贯穿于政治、经济、法律等具体领域，人们通过大到国家政治经济生活，小到家庭婚姻日常起居等现实生活的各个方面来认识伦理秩序本身。以朱熹的话解释普遍意义上的伦理秩序与各个具体领域的伦理秩序的关系，就是"理一分殊"。辜鸿铭所强调的伦理道德对人类文明的基础性作用，指的就是普遍意义上的伦理秩序对人类社会的重要意义。用《中庸》的语言表达，就是"致中和，天地位焉，万物育焉"①。

　　然而，辜鸿铭虽然洞察到了伦理秩序贯通文明之中的基础性作用，强调文明的道德内涵，但他割断了物质文明与道德文明的关联，没有看到二者之间的辩证统一的关系，因此没能超越儒家道德本位主义的理论局限。伦理秩序既贯穿于人类文明中的各个具体领域，存在于各具体领域之中，又不同于各个具体领域的秩序。如果看不到这种差异，就会堕入道德本位主义，以至于用伦理道德的规范要求直接支配社会生活，使伦理秩序直接成为这些具体领域的秩序，从而置具体领域的规范要求于不顾，使这些领域直接被伦理道德所遮蔽。伦理道德与各具体领域之间的关系，实质上是价值理性与工具理性之间的关系。在传统社会，价值理性凌驾于工具理性之上，遏制了社会各个具体领域的自由发展。西方近代理性化的过程，某种意义上就是改变价值理性对具体领域的宰制，使伦理回归到自己应在的位置的过程。然而，现代化对工具理性的青睐，导致了工具理性的过度膨胀，反过来遮蔽了价值理性。从本质上说，辜鸿铭的道德文明观实质上是对现代化过程中出现的工具理性过度膨胀、价值理性失落的一种反动。只不过，他在批判工具理性带来的弊端的同时，又滑入了另一个极端，他

---

　　①　四书五经·中庸［M］．陈戍国点校．长沙：岳麓书社，2002：7.

对儒家道德文明不加批判的推崇正体现了这一点。

第二节　论中西文明之异同

19世纪后半叶至20世纪初，西方的"贬华派"主导着世界对中国文明的评价。中国文明的价值遭到了前所未有的质疑，批判否定之声不仅来自西方，也来自中国人自己。在压倒性的对中国传统文明的否定声中，辜鸿铭独树一帜，他说："通过对东西方文明的比较研究，我很自然地得出了一个重大的结论，那就是，这养育滋润我们的东方文明，即便不优越于西方文明，至少也不比他们低劣。我敢说这个结论的得出，其意义是非常重大的，因为现代中国人，尤其是年轻人，有着贬低中国文明，而言过其实地夸大西方文明的倾向。"① 辜鸿铭批评时人用望远镜观察西方文明，因而夸大了西方文明的优点；反之，国人在观察中国文明时，却将望远镜倒过来，从而贬低了中国文明的价值。从中西文明比较视野出发，辜鸿铭以独特的视角分析了中西文明的联系与区别，形成了他独具特色的中西文明观。

一、论儒家文明与西方文明之关系

民国时期，人们往往强调中国文明与西方文明的差异，以二元对立的观点将中西两种文明置于几乎完全对立的位置，这不仅切断了历史上中国文明与西方文明之间的关联，否定了人类文明相互交流的历史，一定程度上也夸大了中西文明的异质性，否定了二者之间的互补性。辜鸿

---

① 辜鸿铭. 辜鸿铭文集：下卷［M］. 黄兴涛，等译. 海口：海南出版社，1996：312.

铭认为，中西文明尽管存在很大差异，但也不乏相通之处。他从儒家文明与欧洲近现代文明的关系，阐述了中西文明之间的关联。

（一）儒家"理性"精神与近代西方文明

西方自启蒙运动以来，理性已成为新时代的核心精神，它已取代上帝成为人们新的信仰。建立在神学基础之上的宗教信仰，被人们视为非理性的蒙昧的表现。辜鸿铭留学欧洲的教育背景，使他对启蒙运动的历史有较多了解。他认为，蕴含理性精神的儒家文明，曾经帮助欧洲启蒙运动时期的思想家打碎了中世纪神权垄断下的基督教文明。在他看来，18世纪法国启蒙思想家伏尔泰、狄德罗、孟德斯鸠等人所传播的理性精神和自由主义思想，在很大程度上应归功于他们对耶稣会士带回欧洲的有关中国的典章制度的研究，其中，孟德斯鸠《论法的精神》受中国文明的影响尤甚。18世纪法国部分启蒙思想家确曾从中国文明中汲取过养分，如伏尔泰。伏尔泰曾热情地讴歌和赞美中国的伦理道德、政治体制、文官制度，中国的政治与哲学成为他反对法国贵族特权的理论武器。从某种意义上说，中国文化确实在很大程度上促成了法国启蒙思想的形成，文艺复兴以来的人文主义思潮在法国由于受到中国文化的影响和启发而不断获得新的动力。[①] 辜鸿铭亦以此为依据，批判近代耶稣会士的西方文明优越感。他说："那些来到中国，要使异教的中国人皈依其宗教的罗马天主教传教士们，他们应当使自己成为给欧洲传播中国文明思想的工具"[②]，而不是到中国来教化中国人皈依西方文明。因为，正是中国文明中蕴含的理性思想曾经帮助欧洲人打碎中世纪基督教文明的束缚。

---

① 何兆武. 中西文化交流史论［M］. 武汉：湖北人民出版社，2007：118.
② 辜鸿铭. 辜鸿铭文集：上卷［M］. 黄兴涛，等译. 海口：海南出版社，1996：175.

　　启蒙运动之后，在欧洲，以理性为基础构建起来的近代文明（辜鸿铭称之为"现代自由主义道德文化"）逐渐取代基督教文明。辜鸿铭从道德信仰的力量来源、人性论基础、道德教化方法、对政治制度的影响等四个方面比较了近代自由主义道德文化与中世纪基督教道德文化的不同。第一，基督教道德文化，人一般主要依赖希冀或敬畏的情绪，而自由主义的道德文化则依赖人的理性和情感。第二，基督教道德文化的人性论基础是性恶论（人生来就处在原罪中），即人的本性从根本上说是坏的，而现代自由主义道德文化则认为人的本性从根本上说是好的，即性善论，"如果它得到适度的发展并求助于它自身，在世界上就会产生健全的德性和社会秩序"。第三，基督教道德教化的方法在于启发人们对上帝的敬畏，而现代自由主义道德文化的教育方法则认为"大学之道，在明明德"，即通过学校教育的熏陶来焕发内在于人心的美德。①第四，新旧两种道德文化对人们的生活及其政治法律制度的影响也是不同的。基督教道德文化使得人们对权力和权威的服从是盲目和消极的，它所导致的结果是封建统治。而现代自由主义道德文化对人们的影响则是源于人自身的理性，因而是主动的、积极的，其结果将是"理性民主"，即自由制度的统治。

　　辜鸿铭认为，儒家文明与欧洲近代自由主义新文明是相通的，二者都建立在理性和道德的基础之上。基于这种观点，辜鸿铭将近代中西文明冲突置换为欧洲"现代自由主义"和"古代中世纪主义"的冲突，认为近代中国与欧洲之间的冲突，不是黄种人和白种人之间的冲突，而是部分欧洲人为将自己完全从古代中世纪文明中解放出来而进行的斗争，并将西方列强对中国的殖民政策比拟为中世纪时期的"十字军东

---

　　① 辜鸿铭. 辜鸿铭文集：上卷［M］. 黄兴涛，等译. 海口：海南出版社，1996：176.

征"，认为这种"殖民政策的现代远征"，在欧美终将完成"人类精神的彻底解放"，而这种人类精神的彻底解放，又终将产生一种全球性的真正的文明。辜鸿铭以饱含热情和希望的语言描绘了这种新的文明。他认为，这种新的文明不是建立在一个仅仅依赖人的希冀与敬畏情绪的道德文化基础之上，而是建立在依赖人的理性的道德文化基础之上。这种新的文明的法令不是出自外在的某种强力或权威，而是出自人类生来热爱仁慈、正义、秩序、真理和诚实的本性的内在之爱。此外，在这种新的文明之下，自由并不意味着人们可以随心所欲，而是可以自由地做正确的事情。在社会道德生活中，人们循规蹈矩不是由于外在的权威，而是听从于内在的理性与良心的使唤。①

辜鸿铭所描绘的新的道德文化，实质上是他将儒家文明理想与欧洲现代精神相结合的产物。他所谈论的儒家文明是一种经过现代理性精神诠释过的儒家文明；他所说的现代自由主义也是一种经过儒家道德过滤之后的自由主义。这种新的道德文化实质上是辜氏将中西文明融合之后所提出来的文明理想。

综上可知，"理性"是辜鸿铭沟通儒家文明与欧洲文明的关键词。在他看来，儒家文明中蕴含着"理性"精神，它一方面帮助18世纪的启蒙思想家打碎了中世纪基督教神权的枷锁；另一方面，儒家文明中的"理性"精神与欧洲现代自由主义所蕴含的理性精神也是相通的。显然，辜鸿铭将儒家文明中的"理性"精神与西方启蒙运动以来高扬的"理性"画上了等号。其思想的独到之处在于，他敏锐地把握了儒家文明所蕴含的理性精神，从而揭示了儒家文明在现代社会的价值，并以此作为会通中西文明的接榫点。从旨在沟通中西文化的策略而言，辜鸿铭

---

① 辜鸿铭. 辜鸿铭文集：上卷 [M]. 黄兴涛，等译. 海口：海南出版社，1996：181-182.

对儒家"理性"精神的诠释确实有其独到的价值。与同时代的人相比，这的确体现了他思想的深刻性与眼光的独到性。然而，从精神实质而言，辜鸿铭以西方之"理性"来诠释儒家之"理性"，显然是对儒家思想的误解。儒家文明之"理性"精神与西方近代文明的"理性"有着本质区别。如李泽厚先生所言，儒家文明中的"理性"是一种"实用理性"或"实践理性"，"这种理性具有极端重视现实实用的特点"，它注重的是实践理性的"知"，而不是思辨理性的"知"①，这使得儒学偏重于对伦理学的探讨，轻视甚至反对抽象的思辨理性，而思辨理性恰恰是西方近代理性精神的核心，是孕育现代文明的重要的思想因素。

（二）论儒家文明与"现代物质实利主义文明"

启蒙运动时期的自由主义为辜氏所赞赏，然而，19 世纪以来的自由主义则成为辜鸿铭着力批判的对象。他认为，启蒙时代诞生的自由主义尚未在欧洲确立，在 19 世纪便走向一条歧路，变成了一种"假自由主义"。如果说启蒙时代的自由主义是为公理和正义而奋斗的真正的自由主义，那么，19 世纪以来的自由主义则是为物质利益而争斗的假自由主义，辜鸿铭称后者为"物质实利主义文明"。在《中国牛津运动故事》一书中，辜鸿铭将张之洞等人领导的"清流运动"与 19 世纪中期发生在英国的牛津运动相比，他认为，这两场政治运动的目标，都是反对现代自由主义，即现代物质实利主义，他又称之为"进步和新学的现代欧洲观念"②，这种"进步和新学"使人们唯利是图、道德沦丧。基于以上观点，辜鸿铭认为现代欧洲自由主义文明是一种病态的文明。他为现代欧洲物质实利主义文明开出的拯救药方，便是儒家道德文明。

① 李泽厚. 中国古代思想史论［M］. 天津：天津社会科学院出版社，2004：24.
② 辜鸿铭. 辜鸿铭文集：上卷［M］. 黄兴涛，等译. 海口：海南出版社，1996：295.

他说："我们中国所拥有的真正的文明与欧洲错误的不道德的文明是根本不同的，其区别在于：后者以'新学'教导人们把有用的和利益置于第一位，廉耻、法律和正义置于末位，而中国真正的文明却以旧学教育和引导人们把廉耻和正义置于任何有用与利益之上。"①

虽然辜鸿铭将西方现代文明定性为物质实利主义文明不免片面，然而不可否认的是，物质主义价值观的泛滥的确是现代文明暴露出来的突出弊端。物质主义的泛滥导致社会物欲横流，人们唯利是图，社会道德沦丧，商业原则"逐渐取代了封建制度的拙朴但却充满温情的精神理念，赢利还是赔本成了人们的基本行为准则。人们的情感不见了，取而代之的是精明的算计"。② 有学者认为，现代社会与传统社会一个特别值得注意的区别在于：所有的传统社会都把人类的物质贪欲看作洪水猛兽，而现代社会则把人的贪欲看作进步的动力和创造的源泉；所有的前现代社会都只给商人很低的社会地位，而现代社会则把商人凸显为社会的中坚。如此一来，以赚钱为职业的人们成为社会中坚，"资本的逻辑"成为支配现代社会建制的"逻辑"，物质主义价值观成为主流价值观，这三者构成了现代化过程的三个重要侧面。③ 毋庸讳言，对商业利益的追求几乎成为现代各国统治者治国理政的中心。19 世纪末 20 世纪初，在国际政治舞台上，国与国之间上演着"利"与"力"的角逐，道义被搁置一边。浪漫主义思想家对西方社会物质主义、拜金主义现象的揭露和批判，现实政治中普遍存在的唯利是图，使辜鸿铭向往一种崇尚道义的文明，儒家重义轻利的思想正契合了他的思想需求。因此，他

---

① 辜鸿铭. 辜鸿铭文集：上卷［M］. 黄兴涛，等译. 海口：海南出版社，1996：525.
② 阿瑟·赫尔曼. 文明衰落论：西方文化悲观主义的形成与演变［M］. 张爱平，许先春，蒲国亮，等译. 上海：上海人民出版社，2007：44.
③ 卢风. 启蒙与物质主义［J］. 社会科学，2011（07）：122 - 129.

将儒家道德文明视为疗治西方现代物质主义弊病的良方。

由以上论述可知，辜鸿铭在中西文明比较中，采取了一种扬己之长、揭人之短的策略。他以儒家文明的理性精神与基督教文明的非理性相比，揭示出儒家文明对欧洲启蒙运动的积极影响；以儒家文明崇尚道义的精神与现代欧洲商业文明重利轻义的弊端相比，展示了儒家文明对现代文明的补偏意义，由此凸显了儒家道德文明相对于西方文明的历史与现实价值。

二、论中西道德文明之区别

辜鸿铭不仅在中西文明比较中阐述了儒家文明与欧洲近现代文明的关联，而且通过儒家文明与欧洲现代文明的比较，从人生观、社会观、政治观、法律观等方面进一步阐述了儒家文明与欧洲现代文明的区别，以揭示儒家文明的价值。

（一）人生观之别

辜鸿铭认为，真正的文明的标志首先应该拥有正确的人生哲学。在他看来，欧洲人没有正当的、成型的人生哲学，而中国人则领会了人生的目的。他以当时号称"欧洲第一流的思想家"——弗劳德的说法来佐证自己的观点。弗劳德说："我们欧洲人，从来没有思考过人是什么？"也就是说人生的目标是什么？"是当一个财主好呢？还是去做一个灵巧的人好呢？关于这个问题，欧洲人没有成型的看法。"① 与欧洲人相比，辜鸿铭认为中国人全然领会了人生的目的，那就是孔子所说的"入则孝，出则悌"，即在家为孝子，在国为良民，他认为这是孔子展示给中国人的正确的人生观。此外，辜鸿铭认为，中国人与西方人人生

---

① 辜鸿铭. 辜鸿铭文集：下卷［M］. 黄兴涛，等译. 海口：海南出版社，1996：305.

观的另一个区别在于，西方人认为人生的目的在于运动，而中国人认为人生的目的在于生活。在辜鸿铭看来，西方人为"运动"而生活，东方人则为生活而"运动"。他所说的"运动"大意是指赚钱。他认为西方人是为赚钱而活着，把金钱本身作为人生的目标；而东方人则是为了幸福而赚钱，为了享受人生而创造财富。用孔子的话说，就是"仁者以财发身，不仁者以身发财"。

（二）人我观之别

人与人构成社会，那么，人与人之间的关系赖以存在的基础是什么？辜鸿铭就此问题论述了中西社会观的差异。他认为，"东洋的社会，立足于道德基础之上，而西洋则不同，他们的社会是建筑在金钱之上的。换言之，在东洋，人与人之间关系是道德关系，而在西洋则是金钱关系"①。辜氏认为，在西方，人与人之间的关系依靠利益来维持，是根据商业原则创造出来的，名分完全以金钱为基础。他指出："在西方经济学看来，人与人之间是由于某种利的关系而结合起来的。"② 在西方的观点中，人与人之间的情义被否定掉了，即便有人肯定这一点，也是作为一个并不太重要和宝贵的东西来肯定的，人们之间的关系建筑在金钱的基础之上。但在辜鸿铭看来，人不是动物，人的一生中最为重要的本性应该是情与爱。他认为，在东洋社会，人与人之间的关系是建立在情义基础上的，即"亲亲、尊尊"。《中庸》曰："仁者人也，亲亲为大。义者宜也，尊贤为大。"辜鸿铭将"亲亲"与"尊尊"解释为"社会亲情"和"英雄崇拜"（Affection and hero - worship）。所谓"社会亲情和英雄崇拜"是指，"我们热爱父母双亲，所以我们服从他们，

---

① 辜鸿铭. 辜鸿铭文集：下卷 [M]. 黄兴涛，等译. 海口：海南出版社，1996：307.
② 辜鸿铭. 辜鸿铭文集：下卷 [M]. 黄兴涛，等译. 海口：海南出版社，1996：254.

而我们所以服从比我们杰出的人，是因为他在人格、智德等方面值得我们尊敬"①。辜鸿铭认为，在中国，人与人之间依靠五伦维系，而五伦关系就是靠情义维系的，他视之为"天伦关系"。所谓天伦关系，是指人与人之间的关系不是图利，"而是激于感情、情操，激于神圣的敬重、赞赏和爱的情愫，这种由天然情感激发的关系"②，即"神圣的天伦关系"。辜鸿铭指出，西方人只认为夫妇关系是神圣的，此外其他的人与人之间的关系均无神圣可言，是一种利益关系。

（三）治世观之别

近代以来，在中西文明的交流与碰撞中，西方的法治文明与中国德治传统发生了激烈的碰撞。对现代西方文明持批判立场的辜鸿铭，认为现代西方的法制注重的是冷冰冰的法律条文，法律制度已丧失了内在的道德精神，宪法保护的是富人的财产权；相反，辜鸿铭对中国"法人而不法法"的德治传统高度赞赏，认为这就是古老中国统治成功的秘密所在。

辜鸿铭从法律制度赖以建立的理论基础区分了中西法律文明的差异，他认为，中国法律制度是以道德为基础的；而欧洲法律制度的基础，从边沁以来，便单纯是功利主义的原则。他认为，"现代欧洲惩办罪犯的动机，仅仅是希望阻止犯罪、保障社会安全使之不受伤害和损失。但是在中国，惩办罪犯的动机是对犯罪的憎恶。简言之，欧洲国家惩办罪犯是为了保护钱袋。在中国，国家惩办罪犯则为了满足国家正义的道德情感"③。辜鸿铭的分析，实质上道出了中西文明对法律与道德

---

① 辜鸿铭. 辜鸿铭文集：下卷 ［M］. 黄兴涛，等译. 海口：海南出版社，1996：307.

② 辜鸿铭. 辜鸿铭文集：下卷 ［M］. 黄兴涛，等译. 海口：海南出版社，1996：178 – 179.

③ 辜鸿铭. 辜鸿铭文集：上卷 ［M］. 黄兴涛，等译. 海口：海南出版社，1996：191.

的关系的不同处理路径。在西方，法律与道德分离，法律的功能与职责就是"阻止犯罪，保障社会安全"；在传统中国，法律是道德的附庸，刑律的制定和国家惩办罪犯的动机，是"为了满足国家正义的道德情感"，这实质上指的就是传统中国社会以"三纲"为核心的道德规范的法律化。汉朝吸取秦朝严刑峻法而迅速灭亡的教训，着重解决法律过于严苛、生硬以及过于客观化的问题，让法律不断吸收儒家伦理道德的养分，是一个法律道德化的过程；自宋至清，则是道德向法律寻求支持，着重解决在变化了的社会环境下，道德对于维系人心使之加强自律的功能受到严峻挑战的问题。如果说唐代之前法律道德化一定程度上平衡了法律与道德的关系，那么，宋以后道德法律化则造成了法律体系中道德成分的畸形膨胀，所造成的后果就是鲁迅所说的"以理杀人"①。因此，辜鸿铭将道德法律化视为中国传统法制文明的优点而予以褒扬的立场，是一种错谬的道德本位主义。同时，也体现出他对中国文明的非理性的深度认同，他对中国历史缺乏实际研究而混淆了理论与现实的区别。但是，从客观上说，辜鸿铭以"道德"和"功利"作为中西法律文明差异之所在的观点，从源头上一针见血地道出了中西法律文明的不同，反映了他对中西文明内在精神基础的深刻理解。辜鸿铭对中西法律制度的比较，其目的是要批判渗透到西方法律制度中的功利主义与利益至上主义，为传统中国法律制度的道义立场辩护。从揭露西方文明的弊端和维护晚清司法主权独立和民族文明尊严的角度看，辜鸿铭的观点应被给予"同情的理解"。

---

① 史广全. 法律道德化与道德法律化：论中国传统法律文化发展的两个主要阶段及其现代化 [J]. 求索，2004（05）：132-136.

三、论西方文明之"不足法"

在《读易草堂文集·广学解》一文中，辜鸿铭以中国哲学话语，较系统地论述了西方文明的"不足法"之处。

（一）"礼教以凶德为正"

所谓"礼教以凶德为正"，是指西方之伦理道德不重人伦之分，不知亲疏之别。《礼经》曰："不亲亲之德之谓凶德也。"由此，辜鸿铭认为，西方不重人伦亲情的道德是会引起天下大乱的"凶德"。在辜鸿铭看来，"西人礼教之书，多言敬天，而不言敬人。夫敬天之礼，岂有不重哉，惟知重敬天，而不知重敬人，此凡所谓为夷狄之教者皆是也。而吾圣人周孔所为恶夫夷狄之教者，谓其必至于伪也，谓其必至于凶也，谓其易于为天下乱也。盖人徒知敬天，其用于事则必尚力，重势而不崇德，不知敬人则必不重人伦，不重人伦则上下无以分，上下不分，则天下之乱其能已哉!"① 辜鸿铭以儒家伦理道德为参照，得出了西方人敬天尚力、重势不崇德、不重人伦的结论。就西方伦理道德不如中国重视人伦之情的特点而言，应该说辜鸿铭所得出的结论有其道理。然而，辜氏没有从中西伦理道德文明所产生的社会土壤出发对中西伦理文化的差异进行历史分析，而是简单地树立一个伦理道德文明的标杆——儒家文明，以此作为否定西方伦理道德的依据，其所得出的结论难免有简单和武断之嫌。

（二）"行政以权利为率"

关于"行政以权利为率"，是指西方政治文明重视个人之平等权利，在辜鸿铭看来，这将导致不论智愚及贤与不肖人人争权夺利，最终

---

① 辜鸿铭. 辜鸿铭文集：下卷［M］. 黄兴涛，等译. 海口：海南出版社，1996：232.

形成贤愚不分的政治乱局。《万国公法》首篇云："粤自造物，降衷人之秉性，莫不自具应享之权利。"① 辜氏认为此处所指之"权利"即西方所谓权利，乃中国哲学语言中的"势"。"势"与"理"相对，相当于《易经》所言"形而上者谓之道，形而下者谓之器"之"器"与"道"。辜鸿铭分析曰："道者，理之全体也；器者，势之总名也。小人重势不重理，君子重理不重势。"② 从辜鸿铭的论述分析，他所说的"势"是指一种客观存在的现象，而"理"则是对客观存在的规律的把握与遵循。在辜鸿铭看来，人有智愚、德有贤与不肖之分是一种客观存在的现象，人们不应仅仅停留在对这种现象的简单肯定的层次上，而应依据这种客观存在，遵循其中蕴含的道德真理。具体言之，则是指在政治生活中，智者贤者应得到人们的尊崇，人们也理应尊崇智者贤者的权威，此即他所推崇的卡莱尔所说的"英雄崇拜"。"英雄崇拜"实际上就是古代的贤人政治理想。贤人政治是一种道德政治，坐而可言，立而难行。建立在尊重个人平等权利基础之上的现代民主政治，是人类总结千百年政治实践的经验与教训的结果。任何政治模式均存在缺陷，尚处于发展完善过程中的民主政治自然也存在诸多弊端，辜鸿铭对贤人政治的留恋与推崇，所表达的实际上是他对现实民主政治弊端的不满与批判。其出发点是良善的，然而其观点却有违政治文明发展的潮流与大势。

（三）"制器以暴物为用"

所谓"制器以暴物为用"，是指现代西方人没有限度无所畏惧地开发和利用大自然，无所忌讳没有伦理道德约束地制造和使用器物。晚年

---

① 辜鸿铭.辜鸿铭文集：下卷［M］.黄兴涛，等译.海口：海南出版社，1996：232.
② 辜鸿铭.辜鸿铭文集：上卷［M］.黄兴涛，等译.海口：海南出版社，1996：426.

的辜鸿铭曾多次声明，他所讨厌的东西不是现代西方文明，而是西方人滥用他们的文明的利器这一点。他认为欧美人在现代科学技术方面的进步确实值得称道，但他们使用这些科技成果的途径是完全错误的，是无法给予赞誉的。在对器物文明的开发和使用方面，辜鸿铭高度赞誉《易经》的理念。他说："《易传》言圣人制器以前民利用，此则谓教之以相生相养之道也。然吾圣人有忧天下之深，故其于阴阳五行之学，言之略而不详，其于制器利民之术，亦言其然而不言其所以然。盖恐后世之人，有窃其术，以为不义，而不善学其学，以为天下乱者矣。故《传》曰：'作易者，其有忧患乎！'"① 敬畏自然、相生相养是中国古人告诫后人开发与利用器物文明的智慧，今天看来，这确实是一种大智慧。源于西方的现代文明以大自然为人类征服的对象，这样的发展理念所造成的生态灾难与带来的无穷隐患已是有目共睹的事实。辜鸿铭对现代西方文明在对待自然和开发技术方面所存在的弊端的批判，是合理而深刻的，然而在当时的中国，这样的思想观点曲高和寡，难以被人接受也是可以理解的。

综上可以看出，辜鸿铭对西方文明批判有余而褒扬不足，对儒家文明则尊崇有余而批判不足。但他并不是一个对儒家文明全盘肯定的顽固保守者，也不是一位将西方文明拒之于外的"攘夷论者"。晚年在日本巡回演讲时，辜鸿铭曾指出："中国现在面临的问题是怎样从儒学的束缚中走出来。我认为可以依靠同西方文明的交流来解决这个问题。这倒是东西方文明互相接触所带来的一大好处。"② 对于别人说他是排外思想家，他表白说："因为常常批评西洋文明，所以有人说我是个攘夷论者，其实，我既不是攘夷论者，也不是那种排外思想家。我

---

① 辜鸿铭. 辜鸿铭文集：下卷［M］. 黄兴涛，等译. 海口：海南出版社，1996：233.
② 辜鸿铭. 辜鸿铭文集：下卷［M］. 黄兴涛，等译. 海口：海南出版社，1996：301.

是希望东西方的长处结合在一起，从而消除东西界限，并以此作为今后最大的奋斗目标的人。"① 由此可见，我们不应简单地将辜鸿铭定性为顽固派或封建遗老，也不宜因他对西方文明的激烈批评而简单地认为他是一个反西方文明者或排外思想家。事实上，他的思想有非常复杂的多面性。

小结

本章从文明与道德的关系、中西文明观两个方面，阐述了辜鸿铭的道德文明观，主要观点如下。第一，关于评估文明价值高低的标准。辜鸿铭认为，物质文明是文明的组成部分，但物质是表面的、易朽的，不能作为评价一个文明价值高低的标准；人的道德素养最能显示文明的本质与个性，因此，"人的类型"是估价一个民族文明价值高低的标准。第二，关于文明的真正内涵。辜氏认为，文明的真正内涵是一种"精神圣典"，是"道德标准"。他认为，古代中国就存在这样的"道德标准"。因此，中国文明是一个道德的真正的文明。第三，关于中西文明之联系与区别。辜鸿铭认为，儒家文明蕴含的"理性"精神，不仅帮助启蒙思想家打碎了中世纪神权的枷锁，而且与近代西方自由主义所包含的理性精神是相通的。然而，以理性精神为基础的自由主义在欧洲尚未建立便走向歧途，这便是辜鸿铭眼中病态的现代文明。辜氏从人生观、社会观、法律观等方面比较了儒家文明与现代文明的区别，认为欧洲现代文明忽视道德与精神文明，片面发展物质文明，是一个基础不牢固的文明，而儒家文明以道德为基础，是一个成熟的文明。第四，关于西方文明的不足之处。辜氏认为，西方文明不足之处有三："礼教以凶

---

① 辜鸿铭. 辜鸿铭文集：下卷［M］. 黄兴涛，等译. 海口：海南出版社，1996：303.

德为正""行政以权利为率""制器以暴物为用"。

　　辜鸿铭的文明观轻视物质文明，特别强调道德与精神在文明中的重要地位，是一种重德轻力、重义轻利、重精神轻物质的偏颇的文明观。在一个弱肉强食的世界里，他的这种思想坐而可言，起而难行。然而，在遭受西方武力侵凌和民族歧视的特殊境况里，辜鸿铭向西方大力弘扬中华民族道德文明的价值，呼吁国人不要贬低中国文明，这对维护国家主权与民族文明的尊严，增强国人的文化自信，引导国人珍视自身文化传统，是具有积极意义的。

第三章

辜鸿铭对西方文明的伦理批判

对西方文明的批判与反思，构成了辜鸿铭伦理思想的一项重要内容。他对西方文明的批评涉及政治、经济、军事、宗教、媒体、教育等诸多领域，且毫无例外均指向一个核心问题，那就是现代文明对传统道德的背离。辜氏对西方现代文明的批判，某些观点可能是偏激的，甚至是错误的，但绝不是浅薄的。有一位学人曾如此评价辜鸿铭："当一个高尚的灵魂阐述或批评一种优秀文明的时候，也就以自己的阐释或批评而丰富了该种文明的意义。"① 这也许正是辜鸿铭之所以为西方人所看重的原因所在。

第一节　基督教伦理批判

近代西方社会脱胎于中世纪基督教社会。中世纪时期，基督教对西方全部生活世界的秩序提供着伦理正当性的保证，对整个社会生活，包

---

① 蔡禹僧. 哀诉之音的绝响——关于辜鸿铭中国人的精神［J］. 书屋，2007（03）：24－31.

括政治、经济、教育、道德等各个方面，拥有道义性的支配法权。① 尽管近代西方文明是在批判中世纪基督教文明的基础上构建起来的，然而不可否认的是，基督教不管在近代还是当代仍然对西方社会产生着深刻的影响。基督教、基督教会以及传教士在近代西方发动的系列侵略战争中仍然有着不可忽视的影响，充当着并不光彩的角色。辜鸿铭从基督教宗教伦理出发，批判基督教的缺陷，并以子之矛，攻子之盾，揭露基督教教会以及传教士的伪善，从宗教伦理角度展开了对西方文明的批判。

一、论基督教伦理的缺陷："非理性和不实际"

发生于欧洲的第一次世界大战造成了前所未有的人员伤亡和财产损失，战争的悲剧使东西方关注人类命运的人们思考：引发如此规模巨大的战争的原因究竟是什么？辜鸿铭在《君子之道》一文中分析了基督教的缺陷及其与战争的关系。

辜鸿铭认为，基督教的道德力量没能发挥遏制战争的作用，显示了基督教道德在现代西方的"缺失和无用"，而造成这种缺失和无用的根源在于基督教的"非理性"和"不实际"。面对"由一亿七千万人的激情挑起、并用科学的精巧的屠杀和毁灭性工具武装起来的战争"，人们几乎丧失了对文明的信心，西方人发出了这样的疑问：在欧洲，基督教失败了吗？一位宗教界人士这样回答道："不要鲁莽地遽下结论，静心观之，你们会看到主的力量。"② 辜鸿铭认为，这样的回答是"飘忽不定和虚幻的"。他指出，"基督教的这种含糊不明、缺失和无用，正是导致欧洲可怕灾难的道德力量的根源"。

---

① 田薇. 宗教伦理的历史担当和现代命运——以基督教伦理为主要范型的考察 [J]. 中国政法大学学报，2011（01）：124－130.
② 辜鸿铭. 辜鸿铭文集：上卷 [M]. 黄兴涛，等译. 海口：海南出版社，1996：569.

经历了启蒙思想洗礼之后的欧洲，人们的"理解力和智力"已不同于中世纪人的"十足的孩子气"，"今日欧洲固执而又实际的人们走向两种极端，他们不是把基督的理性作为指明方向的道德力量，就是把这种理论弃若敝屣，而只坚信纯粹的自然力量。那些嘴上宣誓相信基督之言的人将成为耶稣会会士；而那些完全不再相信道德力量的人将成为军国主义者和无政府主义者，事实上就是成为我所说的猛兽"①。这段话的意思是，启蒙运动之后欧洲人对基督教出现了两种极端的态度：一种是为了自身利益而入基督教的耶稣会士。这种人嘴上宣称信仰基督教，但实质上他们并不是真正的基督徒，因为，"真正的基督徒是为了基督教而爱基督教"②，但是，耶稣会士并不信仰基督教，他们是为了自身利益而入基督教。耶稣会士的这种思想被称为"耶稣会教义"（Jesuitism）。耶稣会教义是指只要目的正当，可以不择手段的精神。③对基督教的另一种态度是完全不再相信基督教的道德力量，这样的人将成为军国主义者和无政府主义者，他们"充满了对机枪的崇拜"。辜鸿铭将西方国家的政治与外交称为"有组织的耶稣会教义"，讥讽它"充满了貌似神圣的关于和平与文明的谎言"。他认为，这种"耶稣会教义和无政府的军国主义"是导致第一次世界大战发生的真正原因，也是导致基督教道德力量缺失和无用的直接因素。

从前文的论述中我们可以推测，辜鸿铭认为启蒙理性与科学主义是导致"耶稣会教义和军国主义"产生的原因。但为什么基督教会被启蒙理性和近代科学瓦解呢？从字里行间可以看出，辜鸿铭认为其深层原因在于基督教的"非理性和不实际"。因此，归根结底，基督教的"非

---

① 辜鸿铭. 辜鸿铭文集：上卷［M］. 黄兴涛，等译. 海口：海南出版社，1996：570.
② 辜鸿铭. 辜鸿铭文集：上卷［M］. 黄兴涛，等译. 海口：海南出版社，1996：136.
③ 辜鸿铭. 辜鸿铭文集：上卷［M］. 黄兴涛，等译. 海口：海南出版社，1996：32.

理性和不实际"是导致"一战"爆发的宗教文化根源。

辜鸿铭关于基督教"非理性和不实际"的观点,是建立在与儒家文明比较的基础上得出的结论。围绕对待仇敌与战争的态度问题,辜鸿铭对基督教与儒家思想进行了一番对比。基督教告诫人们要博爱、宽容,这种爱包括"爱你的仇敌";要宽容,"如果有人打了你的右脸,就把你的左脸也给他"。上帝的这种温良宽容无疑是非常崇高的,然而辜鸿铭质疑道:"这是有用和富于理性的吗?"答案是否定的。辜鸿铭认为这样的道德劝诫尽管崇高美好,但并不是理性的、切合实际的,因此基督教将道德劝诫视为化解战争的力量只是一种幻想而已,事实上它并没能化解仇恨和阻止战争的发生。孔子对待仇敌和战争的态度有别于基督教,辜鸿铭以孔子的身份说道:"如果必要,你们应当去参战,但你们必须以一种君子之风参战,并像一名君子那样去战——简而言之,按公正行事。"① 《论语》确曾记载了孔子对仇敌与战争的态度。《论语·宪问》载:"或曰:'以德报怨,何如?'子曰:'何以报德?以直报怨,以德报德。'"② 显然,与基督教的观点相反,孔子是反对以德报怨的,他主张公平地处理"怨"与"德"的关系,辜鸿铭赞同这样的态度。通过对基督教与儒教对待仇敌与战争的态度的比较,辜鸿铭认为孔子创立的儒家文明比基督教切合实际,是一种理性的文明。因此,他最终得出如下结论:"人类文明的希望并不存在于静心以待主的力量中,而是存在于孔子的君子之道中,存在于处事公正的宗教中。"③ 意即基督教文明并不是人类文明的希望,人类文明的希望在于儒家文明。

---

① 辜鸿铭. 辜鸿铭文集:上卷 [M]. 黄兴涛,等译. 海口:海南出版社,1996:571.
② 杨伯峻. 论语译注 [M]. 北京:中华书局,1980:156.
③ 辜鸿铭. 辜鸿铭文集:上卷 [M]. 黄兴涛,等译. 海口:海南出版社,1996:572.

二、基督教会批判：基督教会已变成"纯粹的装饰物"

基督教会作为基督教信徒的组织机构，在中世纪的欧洲社会曾享有至高无上的神圣权力。辜鸿铭认为，在中世纪前期，基督教会还是一个合乎道德的教会，因为此时的欧洲，和平与秩序占据着主导地位。然而后来，"基督教会便不再是一个合乎道德的好教会，它不再理解真正的宗教，也就放弃了宗教，抛弃了先前所传授的安于清贫、虔诚与纯洁的教诲。事实上，中世纪的基督教会已变得毫无作用与堕落"①。辜鸿铭所指的基督教会的堕落，主要体现在罗马教皇等教会的上层人物为了金钱而出卖宗教的赦罪，买卖圣职，出卖教士身份，从事"等价交易"。辜鸿铭认为马丁·路德的宗教改革及此后的宗教战争就是为了扑灭中世纪基督教会的交易思想。

中世纪之后，随着启蒙运动的兴起，基督教会的社会影响日渐式微，以至于"基督教会今天在所有的基督教国家，正如同道教的宫观和佛教的喇嘛庙一样，已变成了纯粹的装饰物"②，这种说法虽言过其实，但基督教会在现代西方社会的影响力确实有限。为什么基督教会没能发挥像过去那样对人民进行道德教化的作用呢？辜鸿铭认为，是源于近代西方宗教与教育的"非自然分离"。教会负责"教神学，教名之为宗教的教义"，辜鸿铭认为教会所教的东西，都是人民不需要的东西，他引用一位名叫弗劳德的西方人谈论现代英国基督教会时的话予以佐证。弗劳德说："我在英国听过上百次的布道，听过许多关于宗教信仰秘密的阐述，关于神职人员神圣的传教，关于基督使徒的继任，关于主教和辩护，关于金玉之言、灵感以及基督教仪式作用的说教。可是，就

---

① 辜鸿铭. 辜鸿铭文集：上卷［M］. 黄兴涛，等译. 海口：海南出版社，1996：511.
② 辜鸿铭. 辜鸿铭文集：上卷［M］. 黄兴涛，等译. 海口：海南出版社，1996：511.

我记忆所及，他们从没讲过日常生活中所必需的正直诚实的品质，还有那些简单的戒条：'不要撒谎''不要偷盗'。"① 可见，基督教会没能担负起对人民进行道德教化的重任。辜鸿铭认为，人们需要的不是神学，而是"教育"（辜鸿铭此处所讲的"教育"实质是"教化"的意思）。基督教会不能对人民进行教育，结果建立了为人民提供教育的机构——学校。然而，在辜鸿铭看来，现代欧洲的学校教育是一种"半教育"，即重视数量不重视质量，重视知识的传授而不重视道德情操的培育，学校培育出来的人才是人性没有得到完善发展的人，而且，现代学校赋予爱国主义教育以战争精神（关于此观点详见后文的"现代教育批判"）。概言之，辜鸿铭认为宗教与教育分离后，基督教会不能负责人民的道德教化，学校给予人民的教育又误入歧途，他由此得出结论：宗教与教育的非自然分离，是导致现代欧洲民众"精神上混乱状态的根源"，而欧洲人民"可怕的精神状态"又是导致第一次世界大战的重要原因。

不仅如此，辜鸿铭还认为，基督教会在战争期间的表现也违背了基督教的宽容精神。在解释战争发生的起因时，英国的神学家指责德意志违反中立、破坏民权，应对战争之过错最终承担责任；德意志的神学家则抱怨大不列颠人是人类文明的叛逆。辜鸿铭认为，欧洲基督教会的信徒们不去劝诫人们相互宽容，而是为了各自国家的私利而互相指责，这是违背基督教的精神的。《新约·雅各布书》中记载了圣·雅各布这位基督使徒关于争端与战争的对话。圣·雅各布提出了这样一个问题："你们之间的争端与战争，是从哪里来的呢？"他告诫信徒，争端与战争来自人们充满渴望与躁动的灵魂，来自人们的贪婪与自私，"这个灵

---

① 辜鸿铭．辜鸿铭文集：上卷［M］．黄兴涛，等译．海口：海南出版社，1996：495.

魂使我们绝不容忍他人比自己境况稍好，绝不容忍其他民族比自己强大、富有和成功"。针对欧洲基督教使徒对他国的指责，辜鸿铭引用圣·雅各布的话说："不要互相诋毁，亲爱的兄弟。谁诋毁他的兄弟、评断他的兄弟，谁就在诋毁法律和评断法律。你若评断法律，你就不是遵循法律而是评判员了。"① 按基督教的精神，基督教会的使徒本应给人类带来和平与福音，面对争端应劝诫人们相互宽容，然而英德两国基督教会的信徒们却以评判员自居，毫无顾忌地咒骂侵犯自己祖国的国家，为了各自国家的私利而无休止地指责对方。辜鸿铭认为，这种做法即使对于不信奉基督教的人来说，也必定不以为然。

因此，辜鸿铭断言，基督教会在当今已经崩溃，基督教会及其信徒们的言行表明，他们并未理解什么是真正的基督教，基督教会并没有向它的信徒传授什么才是宗教真正的精髓。辜鸿铭认为，"正如所有伟大的宗教体系一样，基督教的本质和力量，并不存在于任何特定的教条乃至金科玉律之中，也不存在于后来人们归纳成体系并名之为基督教的理论汇编、宗教戒律之中。基督教的本质与力量，存在于基督为之生为之死的那种完美的性情、精神和灵魂状态之中"②。换言之，基督教的精髓正如其他所有伟大的宗教一样，在于知道什么是善并去行善。辜鸿铭认为，人若知道行善，却不去行，这就是他的罪过。同理，一个基督教会，如果不知道行善或不去行善，纵使它知道什么是真正的基督教，也算不上一个真正的基督教会。从这个意义上说，欧洲的基督教会已经崩溃。

---

① 辜鸿铭. 辜鸿铭文集：上卷［M］. 黄兴涛，等译. 海口：海南出版社，1996：493.
② 辜鸿铭. 辜鸿铭文集：上卷［M］. 黄兴涛，等译. 海口：海南出版社，1996：558.

三、传教士伪善行为批判

辜鸿铭对基督教传教士的批判源于他对中国近代频繁发生的教案的原因的反思。在《为吾国吾民争辩——现代传教士与最近骚乱（教案）关系论》一文中，他系统批判了耶稣会传教士的伪善行为。据辜鸿铭的归纳，近代耶稣会传教士所声言的来华传教的目的有三：一是提高民德，二是开启民智，三是慈善工作。辜鸿铭对此一一予以驳斥。

首先，关于提高民众道德水平的传教目的。辜鸿铭指出，这个理由确实是传教士进入中国传教的合理合法的理由，因为"任何能够提高人民的道德水平，使他们成为更好的公民和更高贵之人的计划，都值得花费一切纯粹世俗的钱财"①。由此，辜鸿铭进行了以下的逻辑推理：既然基督教有助于提高人民的道德水平，那么中华民族中的那些优秀分子应是最愿意被吸收入教的。然而答案是否定的。他认为，传教士所吸收的中国教民，作为一个阶层，其整体道德水平连一般的中国公民也比不上，是一些为本民族所不容的"弃民"。这些皈依了基督教的人，一旦其对于金钱利益的希望破灭和其他外在的影响消除之后，会变成比中国最坏之人还要坏的恶棍。辜鸿铭之所以如此反感皈依基督教的中国教民，是因为在他看来，这些皈依者丢弃了先辈的信仰，蔑视自己民族的历史传统与记忆，这样的人不可能是道德水准较高的人。辜鸿铭以太平天国为例，认为无论是在道德上还是智识上，太平天国叛乱者都属于那种皈依了基督教的中国人的一种典型，因此太平天国农民运动也被他视为"中国入了基督教会的本国弃民之叛乱"。辜鸿铭对太平天国农民战争的这种评判当然是偏激的一面之词，但他对皈依基督教的中国教民的

---

① 辜鸿铭. 辜鸿铭文集：上卷［M］. 黄兴涛，等译. 海口：海南出版社，1996：42.

分析也并非全无道理。

　　其次，关于开启民智。由于传教士最初声言的提高民德的传教目的惨遭失败，他们因此转向了开启民智的工作。辜鸿铭认为这无疑也是一项伟大而高尚的工作。因为，"如果说易于腐烂的商品交易必要而有价值，那么民族之间不朽的思想交流则更为必要和更有价值。因此，如果能够证明在中国的传教事业是一种智识运动，传教士为以前只有黑暗的地方带来了光明，也就可以说，他们通过联结较高层次的思想潮流，使东西方之间变得更加亲密"①。如果真是这样，这样的传教行为当然应得到人民的支持。然而，辜鸿铭指出，传教士所带来的科学知识与他们所宣扬的基督教教义是相互矛盾的，因为基督教所宣扬的恰恰是反科学的神学。在辜鸿铭看来，传教士并没有带来多少纯科学信息的东西，相反，他们传入这些科学知识的同时带入了"一个害虫"，这个害虫最终必将葬送中国启蒙智识的全部希望。② 显然，与同时代的中国人相比，辜鸿铭有更深厚的西学背景，因此他也就能站在更高的高度评价传教士传入的科学知识究竟能在多大程度上开启民智。传教士来到中国的本意是为了传教，为了获取中国上层人物的支持，他们采取了知识传教的策略。近代传教士传入中国的科学知识无疑有助于开阔中国知识分子的知识和视野，但是，与近代科学及其理性精神的根本取向相反，传教士的神学认为人类的知识并不是得自经验和推理，而是来自神的启示。这些自相矛盾之处"使得受过教育的中国人在智识上实在看不起外国人"。从当时世界历史的大势与发展的主潮流来看，传教士传入中国的知识并非是近代科学和近代的思想体系，而是西方古代（希腊）的科学和中世纪的思想体系，这样的知识与其说对中国人的智识启蒙有益，毋宁说

---

　　① 辜鸿铭. 辜鸿铭文集：上卷［M］. 黄兴涛，等译. 海口：海南出版社，1996：43.
　　② 辜鸿铭. 辜鸿铭文集：上卷［M］. 黄兴涛，等译. 海口：海南出版社，1996：44.

是有害的。因为，正是由于作为中西文化交流媒介的传教士自身的局限，而使清末民初时期的中国未能及时接触到近代科学，从而一定程度上制约了中国从中世纪走向近代的步伐。① 正是基于这一点，辜鸿铭将传教士声称的"开启民智"视为一种"以反科学的把戏来传播科学的伪装"，从而揭露了传教士的伪善面目。

再次，关于传教士在中国所做的慈善工作。辜鸿铭指出，慈善事业无疑也是一种值得赞赏的事。但是，如果以世俗利益的天平衡量，辜鸿铭认为传教士"所行之善"在数量上并不值当它所花费的钱。其理由在于以下几点。第一，花费在慈善医疗事业上的钱财，远比花费在医生和护士身上的多。与其由传教士去行善，还不如代之以专业的医生和护士去行善更加值得和适当，因为后者更能胜任，收益也会更大。第二，花费在供养传教士及其家属身上的钱，远比用于改善中国人的福利上的钱要多。辜鸿铭甚至认为基督教在中国的整个传教事业只是"一个为那些从欧美来的失业的专职人员提供福利的巨大的慈善计划"而已。因此，以世俗利益的天平衡量，传教士在中国的慈善事业并不值当它所花费的钱财。辜鸿铭不仅揭露了传教士在中国的慈善事业的伪善性质，而且批判了欧美社会慈善行为背后所体现出来的"社会不道德"。他举例说，当穷人们都在挨饿的时候，西方社会的富人们不是减少，而是被鼓励增加他们的享乐，"只有当富人们被邀请到北京饭店跳狐步舞或到北京会馆去欣赏印度舞女的舞蹈表演时，他们才能掏出钱来去挽救挨饿的妇女和儿童"②，辜鸿铭认为，这样的社会是鄙俗的、不道德的社会。在辜鸿铭看来，一种慈善行为的道德或伦理水准并不取决于你捐出多少，而在于你如何捐，以一种什么精神态度去捐。

---

① 何兆武. 中西文化交流史论［M］. 武汉：湖北人民出版社，2007：80 - 81.
② 辜鸿铭. 辜鸿铭文集：下卷［M］. 黄兴涛，等译. 海口：海南出版社，1996：207.

　　辜鸿铭不仅揭露了传教士传教目的的伪善性质，而且毫不留情地指出，传教士是西方侵略中国的帮凶。他引用了当时法国埃里松伯爵所著的《一位译员在中国的日记》里的一段话，这位伯爵说："如果在此不提请人们注意我们在中国所看到的基督教传教士起了多么大的协助作用，那么我就缺乏正义感，也不符合实际。耶稣会士所呈献给将军的一切情报——以及说明情报的准确性的事件，无论是关于我们将必须经过的那些省份的资源的情报，还是关于我们将要在前面碰到的部队人数的情况，都是通过耶稣会士获得的，而他们也得通过为他们效劳的中国人来得到这些情报。秘密报告不仅要求对人和事有深刻的了解，而且要求提供报告者有真正的勇气，因为我们一旦离开这个国家，这些报告就会使他们受到中国人的可怕报复。耶稣会士在这个时期表现出了热烈的爱国主义和令人钦佩的忠诚。"[1] 从字里行间推测，埃里松伯爵与这位译员一道参加了1856—1860 年英法联军侵略中国的第二次鸦片战争，文中所提到的耶稣会士曾为这次侵略战争提供了重要情报。不仅如此，辜鸿铭还揭露了传教士在签订《中法北京条约》时伪造有关条款的无耻行为。第二次鸦片战争结束后，中国与法国签订《中法北京条约》（也称《中法续增新约》），在中文文本中有一条规定，"并任法国传教士在各省租买田地，建造自便"字样。但在法文文本中，却没有这一条。这说明此条款是当时担任译员的天主教主教伪造的。[2] 传教士不仅是西方列强侵略中国的帮凶，而且在中国发生的每一次教案，"对耶稣会士来说就意味着发一笔横财。因为每遭受一两银子的财产损失，他们就要中国政府赔偿白银50 至 100 两"[3]。基于以上事实，辜鸿铭认为传教士

①　辜鸿铭. 辜鸿铭文集：上卷［M］. 黄兴涛，等译. 海口：海南出版社，1996：51.

②　辜鸿铭. 辜鸿铭文集：上卷［M］. 黄兴涛，等译. 海口：海南出版社，1996：138.

③　辜鸿铭. 辜鸿铭文集：上卷［M］. 黄兴涛，等译. 海口：海南出版社，1996：141.

在中国的存在，是对中国人的一种侮辱。这种侮辱必定会导致中国人民起来反对在华传教士。由此，他有力地驳斥了西方舆论将发生在中国的教案的责任完全归咎于中国人的不实之词。辜鸿铭认为，包括义和团运动在内的中国人的反洋教斗争，在道德上具有正当性。

综上所述，辜鸿铭从基督教、基督教会以及传教士三方面对现代基督教伦理进行了全方位的批判。在与儒教的比较中，辜鸿铭分析了基督教存在的"非理性和不实际"的缺陷，并认为这正是导致世界大战发生的宗教文化的根源。此外，辜鸿铭从博爱、宽容、行善等基督教所倡导的伦理道德原则出发，指出现代基督教会的所作所为已经表明，它已不能发挥宗教的道德教化功能，因为现代基督教教会并没有理解什么是真正的基督教，从而得出了现代基督教会已经崩溃的结论。传教士作为基督教的信徒，他们的行为直接体现着现代基督教的宗教精神和社会功能。然而，来到中国的传教士并没有给中国人民带来"上帝的福音"。辜鸿铭通过对传教士所声言三个传教目的的驳斥，和对传教士为西方国家侵略中国提供情报的事件的揭露，揭穿了现代传教士行为的伪善及其所奉行的民族利己主义的侵略本质，从而为近代中国民众的反洋教斗争提供了道德上的辩护。从这个角度而言，辜鸿铭对现代基督教的批判，既是合情的，也是合理的。

第二节　现代军事伦理批判

辜鸿铭所处的时代是一个战火纷飞、军事领域发生巨大变迁的动乱时代。现代警察制度的建立、新式武器的诞生、战争规模的扩大与战争频率的增加，所有这一切都标志着传统军事制度的变迁以及与之相应的传统军事伦理道德体系的瓦解。辜鸿铭对现代军事伦理的批判，主要涉及对现代军人职业伦理以及战争伦理的批判。

一、"真正的武力并不是不道德的"

一般认为，战争是一种人为的"恶"（bad）①。然而，在战争这种必然意义上的"恶"中也存在复杂的道德判断。有学者归纳了关于战争与道德的关系的四种代表性观点：一是现实主义者的观点，现实主义者认为战争与道德无关，战争一旦发动，道义上的考量起不到任何实质性作用，是一种战争非道德性的立场；二是和平主义者的观点，这一派认为战争在道义上是完全错误的，人们应摒弃与战争有关的暴力观念；三是军国主义者，他们认为战争是处理社会问题的首要手段，战争不仅可以凝聚人心，还能培养民族品格；四是正义战争论，持此观点的人认为战争有正义与非正义之分。② 据此，辜鸿铭关于战争与道德的关系的观点属于第四种类型，即正义战争论者。

战后持久的和平与秩序，是辜鸿铭评价战争是否正义的两个标准，这其中他尤其强调秩序。辜鸿铭认为，"所有真正的力量之所以具有建设性，是因为它总是力求建立秩序。即使在进行破坏的时候也是如此——因为必要的破坏正是为了建设，所有真正的力量所从事的破坏，都只是为了建设——为了建立秩序"③。当然，这种秩序应当是正义的秩序。基于和平与秩序的理念，辜鸿铭将军国主义分为真军国主义和假军国主义。在他看来，欧洲历史上的古斯塔夫·阿道弗斯、奥利弗·克

---

① 这里所说的"恶"是"bad"（坏的）而不是"evil"（罪恶）。参阅何怀宏. 杀人之中又有礼焉——战争行为伦理［J］. 云南大学学报，2004，3（02）：55-63，95.

② 左高山. 正义的战争与战争的正义——关于战争伦理的反思［J］. 伦理学研究，2005（06）：45-50.

③ 辜鸿铭. 辜鸿铭文集：上卷［M］. 黄兴涛，等译. 海口：海南出版社，1996：342.

伦威尔和腓特烈大帝的军国主义是真正军国主义，是道德的。因为这些军国主义给欧洲人民带来的结果，是持久的和平，是一个更好的社会秩序和繁荣局面。但是，路易·波拿巴、约瑟夫·张伯伦的军国主义则是侵略主义，是假军国主义，是不道德的，其结果并未带来和平与繁荣。针对欧洲的军备竞赛和对武力的炫耀，辜鸿铭指出，"真正的军国主义甚或战争，即真正的武力，并不是不道德的。但是，侵略主义或假军国主义，比如欧洲目前建造无畏舰的竞赛，不是真正的武力，而是腐朽的酿乱力量，是不道德的"①。他谴责欧洲的军备竞赛不惜浪掷金钱维持军人的无度消费来保证所谓的"和平"，并强烈谴责西方侵略者开着"无畏战舰"在扬子江那些饥饿的人民面前耀武扬威的行为。这种武力不是"真正的武力"，它是"腐朽的酿乱力量"，它带来的不是和平与秩序，因而是不道德的。

此外，辜鸿铭还从公平分配的角度阐述了他关于武力与道德的关系的观点。在这里，他将军国主义分为"真实的军国主义"和"错误的军国主义"。他说："所谓真实的军国主义，就是保护好人免遭坏人的侵害，并且保护文明。而所谓错误的军国主义，则它只是保护有钱人。"② 他认为，"德国的军国主义之所以失败，是因为它是保护资本主义的主义。在此而言就如同警官是为了保护富人而设的一样。实际上警官的任务则是无论穷人富人都必须同样保护。我以为，这二者之间不仅不应有任何的差别，毋宁说，较之富翁们，警官更应该保护众多的穷人们。因此，我思来想去，总觉得政府派出许多警官去保护有钱人的做法是错误的"③。辜鸿铭认为国家的武装力量应公平地保护富人与穷人免

① 辜鸿铭. 辜鸿铭文集：上卷 ［M］. 黄兴涛，等译. 海口：海南出版社，1996：342.
② 辜鸿铭. 辜鸿铭文集：下卷 ［M］. 黄兴涛，等译. 海口：海南出版社，1996：260.
③ 辜鸿铭. 辜鸿铭文集：下卷 ［M］. 黄兴涛，等译. 海口：海南出版社，1996：260.

遭侵犯，而不是用更多的武力去保护富人。这实际上涉及了社会资源分配的公平问题，在辜鸿铭看来，国家的武装力量（如警察）也是一种社会资源，也应该在富人与穷人之间公平地分配，否则，这种武力也是不道德的。

二、现代军人已成为无道德责任的"自动机器"

罗斯金曾这样描述现代军人："他们不知道为何而战，但却必须去战并送命。"① 揭示了现代军人丧失自我，异化为民族与国家的政治工具的事实。辜鸿铭对现代军人职业伦理的批判显然受到了罗斯金的影响，他认为，与传统军人崇尚荣誉与维持正义的道德品格相比，作为军人的现代警察已成为既无道德感情又无道德责任的自动机器，他们已变成纯粹的危险的机器人。

辜鸿铭对现代军人伦理道德的批判建立在他对古代军人的尚武精神的认同基础上。辜鸿铭认为，一切真正的尚武精神的基础都是相同的，那就是"消灭蛮夷及其野蛮作风，崇尚高贵与真正的君王风度，扫除人类自身的卑鄙与低级趣味，用汉语说，就是'尊王攘夷'"②。实质上，辜鸿铭所推崇的古代尚武精神主要是指中世纪欧洲的骑士精神。在骑士精神中，为荣誉而战是军人能够受封为骑士的一个首要原则。辜鸿铭为我们描述了中世纪法国骑士授封的过程，他说："在中世纪的法国那个产生过欧洲最纯粹军人的国度里，一个人要想得到晋升或荣获骑士称号，必须通过下列严格的考核。考官会问他：'你进骑士团图什么？如果图的是财富、安逸和荣耀而不是为骑士这个称号增添光彩，那么你就不配享有这个称号，把这个称号授予你，与授予高级教士团中的那些

① 辜鸿铭. 辜鸿铭文集：下卷［M］. 黄兴涛，等译. 海口：海南出版社，1996：134.
② 辜鸿铭. 辜鸿铭文集：上卷［M］. 黄兴涛，等译. 海口：海南出版社，1996：159.

盗卖圣职的神职人员、假教士、律师、书记员或为了谋生而甘当这类角色的人完全没有两样。'如果考试合格，那个考官，他的上司会对他说：'我以上帝的名誉，以圣·马歇尔和圣·乔治的名义，授予你骑士称号：希望你勇敢、坚毅和忠诚！'"① 可见，为军人的荣誉，而不是为个人的利益和财富而战，是骑士精神的主要标志。按战争的主要目的来分，人类从古至今的战争类型有三种：一是为荣誉的战争；二是为利益的战争；三是为信念的战争。② 中世纪欧洲骑士发动的战争往往是为荣誉的战争。在这种战争中，军人要遵守严格的道德规则，如不使用卑鄙手段交手、不与比自己身份低的人交手等等。为荣誉而战和在战争中遵守交战伦理道德，是此类战争的重要特点。此外，维护正义的原则也是骑士最受人们推崇的道德原则。在骑士受封仪式中，骑士的剑要被放在圣坛上接受神职人员的祈祷，剑的双刃有特定象征意义，一边服务于上帝，保护教会，打击异教徒和上帝的敌人；另一边保护人民，惩治残害弱者的恶人。③ 中世纪骑士为荣誉而战的绅士风度及其惩恶扬善维护正义的道德形象，是他们千百年来一直受人们称颂的主要原因。

在辜鸿铭看来，与骑士精神相比，现代军人的尚武精神已成为虚假的尚武精神，他称现代军人为"假军人"，并从三方面论述了这一观点。首先，现代军人作为武装人员的目的只是为了谋生，因此军人成为"领工资或被雇佣的奴仆"，而不是不取报酬的"绅士"。其次，现代警察"不是被雇佣来保护和高扬人的高贵品德，控制和压服人的卑下之念，铲除和消灭粗野之气，而是用来保护财产权"。最后，警察之所以

① 辜鸿铭. 辜鸿铭文集：上卷 [M]. 黄兴涛，等译. 海口：海南出版社，1996：159.
② 何怀宏. 杀人之中又有礼焉——战争行为伦理 [J]. 云南大学学报，2004，3 (02)：55 - 63，95.
③ 倪世光，门玥然. 开启认识西方社会和文化的一扇窗——关于骑士制度研究交谈录 [J]. 社会科学论坛，2007（06）：79 - 93，2.

变成假军人，"乃是由于他已像他的机械枪一样，成为一个纯粹的自动机器，他'并未给骑士称号增添光彩'，仅仅是练就了一套'敲诈勒索他人的本领'，实际上他只崇拜他的机械枪"①。

由以上可知，辜鸿铭对现代军人职业伦理的批判，一方面是对现代军人"职业化"的批判，另一方面则是对现代军人在军事行动中缺乏道德责任感的战争行为伦理的批判。职业化、专门化是现代军人制度区别于中世纪骑士制度的重要特征，现代警察制度则是军人职业化的重要表征之一。在辜鸿铭看来，军人一旦领取固定工资，成为"领薪水的警察"，即职业化，他们就成为"奴隶"。因为谋生的需要，军人不再为荣誉而战、为正义而战，而是为利益而战。辜鸿铭以八国联军侵华事件为例，批判了欧洲现代军人在战争中为了利益而丧失道德责任的可耻行为。他说："那些可怜的漫不经心的现代乞丐，那些土黄色机关里带有巧克力糖盒和机械枪的人们已经变得粗俗卑鄙了，他们之所以如此，倒不是因为他们是些乞丐，而是因为他们已经成为领薪水的警察。那佩戴肩章的现代庞大的自动机器，也已经变得粗俗卑鄙起来，因为他像自己唯一崇拜的东西——机械枪一样，成为一个既无道德感情又无道德责任的自动机器。正是这样的人进驻北京指手画脚，侮辱中国的皇太后，让其同胞、那些可怜的传教士，在饥饿或抢劫之间做出残酷的选择。"②在辜鸿铭看来，职业化是导致现代军人为利益而战的诱因，他尤其批判了现代警察制度。现代警察制度起源于19世纪上半叶的英国，是伴随工业革命和城市发展而出现的一种新型的国家工具。法治与理性是现代警察制度产生的政治和思想基础，工业革命带来的社会治安问题则是催生警察制度的社会经济条件。现代警察制度是军人职业化的表现之一，

① 辜鸿铭. 辜鸿铭文集：上卷［M］. 黄兴涛，等译. 海口：海南出版社，1996：164.
② 辜鸿铭. 辜鸿铭文集：上卷［M］. 黄兴涛，等译. 海口：海南出版社，1996：157.

是顺应社会发展的一项军事改革，至今几乎已推行到世界各个国家。辜鸿铭对现代军人职业化的产物——警察的批判，是违背时代潮流的守旧思想。

辜鸿铭对欧洲现代军人的批判，在很大程度上源于他对近代西方国家侵略中国行径的不耻，他认为欧洲现代军人已丧失道德责任感，成为西方国家对外侵略的工具。他曾批判道："任何认识到现代欧洲的'军人'实在已变成地地道道的'警察'的人，都不会对八国联军在中国华北的所作所为感到奇怪。法国人马蒙太尔说：普通士兵常受低劣战利品的诱惑，我完全可以想象得到，他们为了糊口会冒死亡之险。然而一旦让他们领取固定工资，他们就成了奴隶。"① 如果说辜鸿铭站在中世纪骑士为荣誉而战的道德原则立场上对现代警察制度的批判显得不合时宜，那么他站在反对西方国家恃强凌弱发动侵略中国的不义战争的立场上，对现代军人丧失道德正义感的批判就具有道义上的正当性。

第三节　现代新闻业职业伦理批判

报纸是近代最早的传媒载体。19 世纪末至 20 世纪初，西方报纸经历了一个飞速发展时期。这一时期，报纸的发行量直线上升，由过去的几万份增加到十几万份，几十万份乃至上百万份。读者的范围也不断扩大，由过去的政界、工商界等上层人士扩展到中下层人士。这种由量的积累而产生的质的飞跃，宣告了一个时代——大众传播时代的来临。报纸越来越成为反映和引导社会舆论的重要媒体，对人们的生活与思想观

---

① 辜鸿铭. 辜鸿铭文集：上卷［M］. 黄兴涛，等译. 海口：海南出版社，1996：157.

念开始产生越来越大的影响。由此，报纸的舆论影响力及其社会责任也开始成为人们关注和研究的对象。

一、"现代报纸是多么地不道德"

第一次世界大战时期，辜鸿铭对大战发生的原因进行了全面反思。在《现代报纸与战争》一文中，他提醒人们注意"现代报纸是多么地不道德"，他尖锐地抨击了西方报纸受利益的驱动而丧失职业道德的不义行径，揭示了现代报纸与战争的某种间接关联。

为了使人们理解他所说的报纸的不道德，辜鸿铭首先对"不道德"一词的含义做了一番解释。依据孔子和歌德的思想，辜鸿铭认为，"不道德"是指"狭隘、片面、自私自利即鄙俗"，他以唐朝武则天的侄子武三思的话为例解释了他所说的报纸的这种"不道德"。武三思曾说："我不知道什么是好人什么是坏人。在我的眼里，一个拥护我、拥护我的利益的人就是好人；一个反对我、反对我利益的人就是坏人。"显然，这是一种典型的利己主义伦理观，辜鸿铭认为这就是"不道德"。而且，他认为这种自私自利意义上的"不道德"，要远比抽烟、饮酒、吸食鸦片、不正当的男女关系更不道德和更恶劣。

现代报纸"不道德"的具体表现是唯利是图和见风使舵。辜鸿铭指出："它们（指报纸）为了得到报酬，可以诽谤也可以吹捧任何一位豪绅巨富，可以抨击也可以赞赏随便一群愚昧而又卑鄙的乌合之众。"①在西方新闻界，不仅一些小报唯利是图不讲道德，就连具有很高地位的大报纸也同样存在道德沦丧的现象。辜鸿铭以英国的《泰晤士报》为例进行了揭露。《泰晤士报》是历史悠久的世界著名报纸。在 19 世纪

---

① 辜鸿铭. 辜鸿铭文集：上卷［M］. 黄兴涛，等译. 海口：海南出版社，1996：508.

的诸多重大政治事件中，《泰晤士报》都曾经发挥过重要的作用。美国总统林肯曾说："除密西西比河以外，我不知道还有什么能拥有《泰晤士报》那样强大的力量。"① 然而，辜鸿铭认为，《泰晤士报》在评论德国 1897 年侵占中国青岛以及日本 1914 年与德国争夺中国青岛事件时，其见风使舵的评论足见其"不道德"。② 《泰晤士报》的评论显然是一种民族利己主义立场，他们不仅从利己的立场对德国侵占青岛的行为进行前后截然相反的评论，而且在这一事件中完全漠视当事者和受害方——中国的利益。这是政治霸权主义在传媒领域的反映，反映了传媒业进入垄断阶段之后沦为资本与政治联姻之后的民族国家的工具这一事实。19 世纪末 20 世纪初，以报刊为主的西方传媒业与其他行业一样也从自由竞争阶段进入垄断阶段。受资本操控，传媒很有可能成为资本代言人而失去独立性，从而对言论自由构成威胁。与此同时，规模化的媒介企业财团和政府之间的关系日益密切，尤其在国际报道中，传媒有丧失言论独立性，沦为民族国家政治军事工具的危险。辜鸿铭所揭露的《泰晤士报》的所作所为正反映了这一现状。

二、新闻业商业化倾向批判

西方报纸的不道德引起了辜鸿铭对现代新闻行业道德沦丧背后的原因的反思。在他看来，导致现代新闻业不道德的深层原因是"交易思想"。辜鸿铭对歌德与卡莱尔所处时代（约指 18 世纪中叶至 19 世纪中

---

① 百度百科. 泰晤士报［EB/OL］. 百度百科，2010–04–15.

② 辜鸿铭指出，德国人 1897 年武力占领青岛时，《泰晤士报》曾在社论中说："干得好，伟大的德意志！这是对待中国人唯一的办法。"可是在 1914 年，德国和英国开战，英国的盟友日本开始远征青岛，这时《泰晤士报》则评论说："干得好，大日本帝国！如果想进行报复，日本完全有权利把这个国际小偷和强盗赶出中国。"（辜鸿铭. 辜鸿铭文集：上卷［M］. 黄兴涛，等译. 海口：海南出版社，1996：508.）

叶）的新闻业与当时的（指 19 世纪末 20 世纪初）新闻业进行了比较，认为过去时代新闻业的不道德主要在于新闻从业人员中充斥着一些"颓废的无赖"之徒，然而其中毕竟还有一些卡莱尔所说的"真正的唯灵主义者"和"永恒的诸神"，如约翰·弥尔顿（John Milton）①、乔纳森·斯威夫特（Jonathan Swift）② 等有道德良知的杰出政论家。辜鸿铭认为，如果说那时的新闻业还算一种职业，那么 19 世纪末 20 世纪初的新闻界已成为一种不折不扣的交易，在新闻从业人员中"几乎只剩下最卑鄙的、极端颓废的各种无赖了"。对于这一点，"只要人们从这次世界战争开始以来充斥于公开出版物中的各种稀奇古怪和五花八门的报道中，就不难做出判断"③。西方新闻业自 19 世纪 30 年代开始进入商业化发展阶段，④ 新闻行业成为私人营利的产业。商品经济衍生的交易思想迅速渗透到新闻行业，引发了这一行业诸多的伦理道德问题。新闻行业伦理问题的根源是新闻从业人经济创收者与舆论引导者双重身份的冲突，其实质是社会公共利益与私人或集团经济利益的冲突。新闻行业商业化之后，企业为了营利很容易把传媒产品简单地等同于一般的商品，而忽视其作为精神产品的特殊性。这就使得原本用来满足人们精神需要的传媒产品的生产变成了实现经济目的的手段，新闻业所倡导的言论自由成为经济利益的俘虏，新闻行业及其从业人员利用社会赋予的注

---

① 约翰·弥尔顿（John Milton，1608—1674），英国诗人、政论家，新闻自由思想奠基人之一。1644 年为争取言论自由写了《论出版自由》一书。

② 乔纳森·斯威夫特（Jonathan Swift，1667—1745），十八世纪英国最杰出的政论家和讽刺小说家。他的一篇揭露政府贪污行径的政论，直接促成了英法停战，以至有人称那项和约为"斯威夫特和约"。斯威夫特的杰作《格列佛游记》（*Gulliver's Travels*）以理性为尺度，极其尖锐地讽刺和抨击了英国社会各领域的黑暗和罪恶。

③ 辜鸿铭. 辜鸿铭文集：上卷［M］. 黄兴涛，等译. 海口：海南出版社，1996：509.

④ 张殿元. 世界传媒伦理道德问题的历史审视［J］. 吉林大学社会科学学报，2002（05）：122 – 128.

意力资源做交易，为企业及个人谋取利益，致使行业陷入道德沦丧的泥沼难以自拔。这种现象在今天的传媒行业不仅没有减少，反而变本加厉，如有偿新闻、虚假新闻、不实报道依然屡见不鲜。世界传媒大亨默多克传媒帝国爆出的"窃听门"事件，暴露了传媒行业为获取经济利益而不择手段的道德沦丧现状的冰山一角。

辜鸿铭认为，新闻界不道德的现象是当今欧美现代社会和现代文明可怕状况的一种不祥征兆。这种征兆表明，交易思想已经深深渗透到了一切领域，包括人们自身最神圣、最崇高的精神生活领域。当代美国学者丹尼尔·贝尔（Daniel Bell，1919—2011）也曾指出："资本主义是经济文化体系，经济上围绕着财产机构和商品生产建构起来，而文化基础则是以下事实：交易关系，即买卖关系，渗透进社会的大部分领域。"① 不仅新闻业充斥着交易与买卖，科学、艺术、文学和哲学也在待价而沽，"而且它们所采用的方法和江湖郎中们身挂闪闪发光、耀眼夺目而又俗不可耐的招牌，推销自己所谓包治百病的万应灵丹没有什么两样，那些职业的社会缔造者们实在该对此感到汗颜和羞愧！然而问题远不止此，今天就连教育事业甚或宗教本身也在以同样的方式开始推销自己了"②。辜鸿铭尖锐地指出了交易思想对文化领域的可怕侵蚀。由商品经济衍生的交易思想对社会伦理道德的侵蚀是现代社会一个带有普遍性的伦理难题，尤其在市场化运作的生产文化产品的领域（如传媒业、文化艺术业），这一问题更加突出。产生这一伦理问题的根源在于，这些行业大多要兼具经济创收和精神陶冶的双重任务。文化产品的本来意义在于为社会提供优质的精神产品，与经济创收相比，对产品的

---

① 丹尼尔·贝尔. 资本主义文化的矛盾［M］. 赵一凡，蒲隆，任晓晋，译. 南京：江苏人民出版社，2007：12.

② 辜鸿铭. 辜鸿铭文集：上卷［M］. 黄兴涛，等译. 海口：海南出版社，1996：510.

精神价值的追求应该是第一位的。然而，在现实生活中，包括传媒在内的文化企业市场化之后，对经济利益的追逐往往成为企业第一位的追求，这样一来，在缺乏有效监督的情况下，权钱、名利的交易便有机会在文化企业中大行其道。

三、新闻界已变成民主社会的"教会"

由对交易思想腐蚀新闻界从而导致其道德沦丧的分析入手，辜鸿铭进一步追根溯源地指出，现代报纸的这些问题在当前之所以变得如此严峻，是由于新闻界已变成了新时代的"教会"——欧美现代民主社会的教会。这种"教会"取代了基督教会，并发挥着基督教会的作用。辜鸿铭形象地将现代新闻业比喻为过去的基督教会，说明了现代新闻业对人们的精神文化生活所发挥的巨大影响力。人们对于现实世界发展变化的了解与判断，越来越依赖于新闻业，这一行业改变了我们对世界的认知途径与体验方式。新闻行业之所以赢得人们的信任，因为它倡导言论自由。而"自由"正是自启蒙时代以来人们一直所崇尚和追求的理想。现代新闻业是以言论自由为基础发展起来的，它也因此博得了人们的信任乃至信仰。正如辜鸿铭所言，新闻界作为现代民主社会的新的教会，其宗教人们可以称之为"自由主义"。如同基督教曾使古罗马社会解体以至最终灭亡一样，现代的"自由主义"新宗教也将促使中世纪基督教社会灭亡，并企图建立一个新的社会，即现代民主社会。然而，在辜鸿铭看来，如同起初的基督教后来变成不道德的基督教会一样[1]，

---

① 辜鸿铭认为，中世纪基督教会是一个很好的合道德的教会，基督教教士也是虔诚的。整个中世纪的欧洲，和平与秩序占据着主导地位。然而后来，基督教会便不再是一个合乎道德的好教会。基督教会的上层人物像罗马教皇，为了金钱而出卖了宗教的赦罪，出卖了"基督教教士身份"，买卖圣职，从事中世纪的等价交易。（辜鸿铭．辜鸿铭文集：上卷［M］．黄兴涛，等译．海口：海南出版社，1996：511.）

原来真正的自由主义也已蜕变成了一种商业交易思想。因此，如果不对现代新闻行业进行改革，那么欧洲就不可能建立真正的民主社会。因为现代新闻界同中世纪晚期的教会一样，"不仅没有接受真正的宗教——即自由主义和真正的民主的教育和熏陶——而且已经堕落了，蜕化成了一种商业交易"①。

综上所述，辜鸿铭不仅揭露了19世纪末20世纪初现代报纸唯利是图的道德沦丧现状，而且批判了以《泰晤士报》为典型的西方新闻界在国际事件报道中的民族利己主义立场。在辜鸿铭看来，交易思想的渗入是导致新闻业丧失道德良知的深层原因。这是现代欧美文明可怕状况的一种不祥征兆。因为，交易思想不仅仅侵蚀了新闻行业，而且也开始渗透到科学、艺术、哲学、文学、教育乃至宗教等精神生活领域。现代报纸的不道德之所以引起辜鸿铭的特别关注，是因为现代新闻界对人们认识世界的途径与体验方式产生了广泛而深远的影响，新闻界所制造的舆论足以左右人们的思想和价值判断。基于此，辜鸿铭将现代新闻界比喻为中世纪的基督教会，而自由主义则是这种新的宗教的教义，自由主义的目的是要建立一个现代民主社会。然而，现代新教会——新闻界并没有接受真正的宗教——自由主义的教育与熏陶，便已堕落、蜕化为一种商业交易。因此，辜鸿铭认为欧洲要建立和平与秩序，必须对新闻业进行改革。他将第一次世界大战比拟为中世纪时期德国的马丁·路德宗教改革，认为这场战争从将来的角度看，也许与当年那场扑灭了基督教会的交易思想的战争一样，是一场新闻界的改革之战，意即这场世界大战将有助于扑灭渗入新闻界的交易思想。从今天世界新闻界的现状来看，辜鸿铭的预言并没能变成现实，只是他的良好愿望而已。

----

① 辜鸿铭. 辜鸿铭文集：上卷［M］. 黄兴涛，等译. 海口：海南出版社，1996：511.

如果说辜鸿铭所处的时代新闻业的伦理道德问题还只是西方社会面临的问题，那么，发展起来的中国传媒行业在今天也正面临着同样的道德问题。不仅如此，辜鸿铭所批判的交易思想如今也无孔不入地渗透到了中国的文化、教育、艺术等精神生活领域，这真是历史的反讽。

第四节　现代教育伦理批判

在当代中国，对教育现代性的担忧与反思早已不是一个新的课题。在近代民族危亡的时代背景下，国人寄希望于"教育救国"，却鲜有学人反思西方现代教育的弊端。与蔡元培、陶行知等近代教育思想家相比，辜鸿铭算不上严格意义上的教育思想家，但辜氏对近代教育思想的独特贡献在于，他是国内较早反思教育现代性的思想先驱。辜鸿铭的教育观不仅在当时的中国具有一定的理论前瞻性，而且对我们今天反思教育现代性和儒家教育思想仍不乏启示意义。

了解辜鸿铭对现代教育的批判，首先需要弄清楚他对"什么是教育"这一问题的理解。什么是教育？这是一个开放性的问题，处于不同时代、不同文化背景中的人，从各自不同的生存处境出发，对这一问题会有不同的理解。人们对这个问题的阐释，实际上表达的是他们对教育的理想与期望，也是他们为现实教育的发展谋求合理方向的努力。[①]辜鸿铭所处的时代，是新旧教育制度急剧变迁的时代。国人在空前的亡国灭种的焦虑中，把批判的矛头指向了传统文化与体制，传统教育制度也成为众矢之的，学习西方建立现代教育制度正在如火如荼地进行之

---

① 刘铁芳．什么是教育［J］．天津市教科院学报，2002（02）：12－14，23．

中。然而，西方现代教育制度又是尽善尽美的吗？辜鸿铭在对现代西方教育的反思和新旧教育思想的比较中，认为传统教育中以培养完善的人格为教育宗旨的思想，仍然应该是现代教育所追求的理想与目标。在这一思想前提下，辜鸿铭认为，教育不仅仅是识文断字，教育的目的应该是培养有文化教养的人，在此意义下，"教育"即"教养"。辜鸿铭对现代教育的批判，就建立在这一教育思想基础之上。

一、"不完善的半教育"——人格教育缺失反思

伴随现代化进程而出现的"现代性"（modernity）是指现代社会不同于传统社会的诸多特性，理性是现代性的核心品质。马克斯·韦伯将理性分为"价值理性"和"工具理性"。19 世纪后半叶以来，经典物理学的成功和科学技术的进步使人类开始对科学顶礼膜拜，人们确信建基于经验观察之上的自然科学方法是知识唯一可靠的方法。① 对科学的盲目崇拜和片面追求，为现代性的发展埋下了隐患，工具理性和价值理性两者关系的疏离和扭曲成为现代社会各种危机的根源。在教育领域，工具理性的主导地位表现为科学知识教育的盛行和人文教育的衰落，辜鸿铭对教育现代性的批判即着重于此。

（一）现代教育数量与质量关系之反思

辜氏对教育现代性的批判，从反思教育大众化过程中出现的重视数量的扩张而轻视质量的提升这一问题入手。教育的大众化是现代教育发展的重要特征。教育大众化在普及教育的同时，也出现了教育质量不高的现象，并由此带来诸多社会问题。针对 19 世纪末 20 世纪初欧洲社会

---

① 艾恺. 世界范围内的反现代化思潮——论文化守成主义 [M]. 贵阳：贵州人民出版社，1991：9.

现状，辜鸿铭指出："目前欧洲一般思潮和文学中悲观主义的流行，是现代教育制度的必然结果——这种由国家鼓励和供养的教育，目标在于教育的数量，而不是质量——在于质量不高的受教育者的数量，而不是真正的受教育者的质量。"① 晚年在日本演讲时，辜鸿铭再次阐述了他的教育质量观，他说："我绝非反对教育，也绝非反对教养事业。但是，有关教育和教养的事情，我想特别忠告诸君的是，仅靠增加量是不行的。如果教育的质不好的话，是不能说已真正达到了教育的目的的。也就是说，即便培养出了许多识文断字的人，如果其在情操上有缺陷的话，这样的人多了毋宁说是有害的。与量的多寡相比，质的可靠显得更为重要。在精而不在多，在质而不在量——Quality not Quantity。"②

由上可知，辜鸿铭所指的教育质量问题，主要是指现代教育重"智"轻"德"的问题。他说："一般认为做到能读会写，教育的目的也就算是达到了。然而我以为，仅如此还不能说教育完成了。英国曾经认为所谓教育是由这样三个 R 构成，Reading、Writing、Arithmetic，即读、写、算术，有了这三者教育也就完成了。但是，一位著名的英国女作家，在这三个 R 之外又加上了一个 R，即 Rascal，意为无赖。她的本意是，受过不良的教育后，人反而会变坏。"③ 辜氏认为，教育的目的不仅仅是识文断字，而应该是培养有文化教养的人。他批评现代教育"只注重发展人天性的一部分——他的智力"④，而不重视对受教育者精神与道德情操的培育，他称这样的教育为"不完善的半教育"，并认为"教育不在于知识的积蓄而在于知性的发达"⑤。因此，与智力教育相

---

① 辜鸿铭. 辜鸿铭文集：下卷 [M]. 黄兴涛，等译. 海口：海南出版社，1996：514.
② 辜鸿铭. 辜鸿铭文集：下卷 [M]. 黄兴涛，等译. 海口：海南出版社，1996：251.
③ 辜鸿铭. 辜鸿铭文集：下卷 [M]. 黄兴涛，等译. 海口：海南出版社，1996：252.
④ 辜鸿铭. 辜鸿铭文集：下卷 [M]. 黄兴涛，等译. 海口：海南出版社，1996：95.
⑤ 辜鸿铭. 辜鸿铭文集：下卷 [M]. 黄兴涛，等译. 海口：海南出版社，1996：330.

比，以完善人性为目的的人格教育，更应当是教育应追求的目标。

（二）道德人格教育的缺失及其后果

辜鸿铭对现代教育重"智"轻"德"的批评，源于他对第一次世界大战的深刻反思，在他看来，"一战"就是现代教育偏重智力教育而忽视道德人格教育所导致的恶果。在《呐喊》一书中，辜氏写道："就像今天我们在欧洲见到的、正在进行的'科学残杀'，那被称之为文明产物的战争一样。导致当今一切事务陷入巨大困境之中或缺乏道德社会秩序的真正道德原因，如果人们追本溯源，将发现它正是理智的退化、不完善和衰落的产物。这种理智的退化、不完善的衰落，又是现代由国家支持的然而却是错误的教育体制、或更确切地说不完美教育体制，即过分地重视教育数量而不求教育质量的必然结果。"[1] 辜氏认为，由于现代教育偏重知识的传授而忽视人格教育，因而使受教育者的人性没有得到完善的发展，而人性没有得到完善发展的人，必定是人格不健全的人，这样的人，其积极面表现为"高傲、狂妄、自负、野心勃勃、放肆、不服管制，根本不承认和敬畏道德法则或别的什么东西"，其消极面则表现为"卑鄙、无情、嫉妒、猜疑，以及对于人、人的本性和动机乃至通常一般事物的悲观主义"。[2] 在辜鸿铭看来，现代人畸形的人格特征，与不完善的现代教育有直接的关联，正是这种接受了不完善的"半教育"的人，构成了欧美统治阶级中的绝大部分，因此，他将战争的教育根源追溯到不完善的现代教育体制。

辜鸿铭对现代教育的批判，实质上触及了对教育现代化过程中出现的工具理性僭越和价值理性迷失问题的反思。在 19 世纪之后的许多西

---

① 辜鸿铭. 辜鸿铭文集：下卷［M］. 黄兴涛，等译. 海口：海南出版社，1996：550.
② 辜鸿铭. 辜鸿铭文集：上卷［M］. 黄兴涛，等译. 海口：海南出版社，1996：550.

方国家里，科学知识备受推崇，以关注人的精神、信仰和人生意义为己任的人文精神教育逐渐走向衰落，"教育成为传授科学知识和技能，发展人的理性能力的'唯理性教育'，而丧失了对人自身的关怀。科学理性的僭越，破坏了理性发展的全面性"，"在科学理性的僭越中，现代人成为只有'理性'而无'人性'的专家，成为技术的工具"①。辜鸿铭将战争的根源追溯到不完善的现代教育，称"一战"为"科学残杀"，正体现了他对教育领域工具理性膨胀所导致的后果的洞察与反思。

二、"爱国主义的宗教"——道德教育工具化批判

道德教育的工具化是现代教育面临的另一重隐忧。道德教育的本来目的是引导人向善，使人养成良好的德性，从而使人性得到完善发展。然而，工具理性的霸权颠覆了道德教育的初衷，道德教育被工具化、手段化。辜鸿铭对爱国主义教育的批判，涉及现代道德教育的工具化和功利化问题。

（一）爱国主义教育工具化反思

辜鸿铭对现代爱国主义教育工具化的批判，亦源于对"一战"的反思。近代以来，学校代替宗教成为对人们进行道德教育的主要场所，爱国主义教育成为学校道德教育的重要内容。然而，辜氏认为学校爱国主义教育并没有对人们健康的道德与精神面貌负责，相反，爱国主义变成了政治的工具，最直接的表现就是学校爱国主义教育对战争精神的强调。他认为，学校道德教育赋予了"爱国主义"与"战争"这两个概

---

① 冯建军. 教育现代性的反思与批判［J］. 南京师大学报（社会科学版），2004（4）：69 - 71.

念过多的错误理解，学校没有指出战争的严肃性和可怕性，而是教导学生：战争是光荣的、伟大的，"战争精神"被作为"爱国主义"的内涵。爱国主义是社会伦理道德体系中最为重要的道德范畴之一，它是以情感和理性为内在动力，调整国家和国家成员之间伦理关系的一个重要道德理念。① 在西方工业革命早期，对传统的热爱和对国家历史的自豪感及对国家福祉的奉献精神，被视为爱国主义的表现。从 17 世纪开始，政治成为爱国主义的重要内涵。到 18 世纪，随着民族主义的兴起，爱国主义演变为民族国家服务的工具，它的真正内涵遭到扭曲。基于此，辜氏认为，现代学校爱国主义教育的偏差，对第一次世界大战的发生具有不可推卸的责任。

（二）爱国主义教育功利化批判

爱国主义的归旨在于建立个人与国家之间的伦理关系，主要是个人对国家的爱的情感。然而，辜氏认为，现代学校爱国主义教育背离了它的初衷，爱国主义成为引导人们为国家攫取利益、为政治集团摇旗呐喊的工具。学校爱国主义教育教导学生，战争是为了祖国的利益，因此，哪怕自己的国家所参与的是非正义的战争，国民也应该拥护祖国。当你在异国他乡时，"爱国主义"则意味着在任何可能的情况下以体面的方式攫取利益，为本国人民争取贸易及别的特权，而不是通过自己的个性、正直与良好风度来维护祖国的声望。此外，现代爱国主义教育还教导人们应对政治怀有值得赞赏的兴趣。辜氏以幽默诙谐的语言描述了"爱国主义"的种种政治面相，他说，现代学校所教导的"爱国主义"，不过是指"为选举权呐喊""为本国政府鼓舌""抓住任何机会游行示

---

① 穆慧贤，郭卫华，高瑞国. 对爱国主义的道德哲学分析［J］. 中南民族大学学报（人文社科版），2008（4）：107 - 110.

威""高扬祖国的大旗，大谈热爱与赞美本民族人民"，如果说基督教的经典教导人们，"人类的主要任务就是热爱上帝"，那么，"爱国主义的宗教"则说"人类的首要任务就是为英国人，为大英帝国；为日耳曼人，为德意志帝国；为日本人，为大日本帝国……大唱赞歌"①。

辜鸿铭对现代学校爱国主义教育的批判，从个人与民族国家之间伦理关系的高度，深刻揭示了工具理性支配下的现代社会所遭遇的道德困境与危机，即道义与利益的内在紧张与冲突。爱国主义中的"爱"是个人与国家生死相依、休戚相关的依存之情，这种情感展现了在个人与国家的统一关系中，国家是人类生命得以生存和发展的坚实基础，个人的生命只有融于祖国的命运中才会获得更高的道德价值。② 然而，爱国主义所表达的爱是有价值偏好的，这种价值偏好便意味着爱国主义并非一种如康德所说的可普遍化的道德原则。如在战争时期，价值偏好常常使得处于敌对状态的爱国主义者之间发生道德冲突，交战双方的士兵都觉得自己很爱国，这样便出现了一个道德两难的境况：如果爱国主义是美德，那敌方为国家而战的士兵也是爱国主义者，是合乎道德的，如果我们杀死爱国主义者，我们的爱国主义还是一种美德吗？因此，在爱国主义之上必定还有值得人们追求的更高的善，爱国主义是否是美德还需要有一个更高的道德标准来衡量，这个比爱国主义更高的善，在辜鸿铭看来就是正义。只有为了正义而战的爱国主义才是美德，否则，爱国主义便是非正义战争的帮凶。

辜鸿铭对爱国主义教育的批判，折射出现代学校道德教育的工具化问题。对教育外在目的的追求，使现代道德教育失去了对德性的守护、

---

① 辜鸿铭. 辜鸿铭文集：上卷［M］. 黄兴涛，等译. 海口：海南出版社，1996：499.
② 穆慧贤，郭卫华，高瑞国. 对爱国主义的道德哲学分析［J］. 中南民族大学学报（人文社科版），2008（4）：107－110.

对人性的陶冶，从而偏离甚至背离了道德教育的初衷，道德教育的世界里充斥的是道德规则和道德规范的灌输，消解的是道德理想、道德信仰、道德情感在人的道德生活中的价值与作用。道德主体丰富多彩的精神性需要在工具理性主导下的道德教育中失去了安身之地。①

三、"大人之学"——教育应以探寻人生之道为宗旨

对西方现代教育的怀疑和批判，使辜鸿铭将目光投向中国传统教育。在中西教育比较视域中，辜氏赞赏以培育高尚人格为目标的儒家教育思想。他阐发了儒家"大人之学"的教育观，并提出以探寻合乎道德的人生哲学为宗旨的教育观。

（一）论"大人之学"与"小人之学"

儒家经典《大学》开篇曰："大学之道，在明明德，在亲民，在止于至善。"此处所言"大学"即"大人之学"。辜鸿铭非常推崇"大人之学"，他论述了"大人之学"与"小人之学"的区别。在《张文襄幕府纪闻》一书中，辜氏论道："窃谓学问之道，有大人之学，有小人之学。小人之学，讲艺也；大人之学，明道也。讲艺，则不可无专门学以精其业；至大人之学，则所以求明天下之理，而不拘拘以一技一艺名也，洎学成理明，以应天下事，乃无适而不可。犹如操刀而使之割，锋刃果利，则无所适而不宜。以之割牛肉也可，以之割羊肉也可，不得谓切牛肉者一刀，而切羊肉者又须另制一刀耳。"② 辜鸿铭认为，"大人之学"培养出来的是真正"有文化教养的人"，是"对世界的一切拥有系统的、脉络整然的科学知识的人"，这样的人能透彻地理解"天、地、

---

① 娄立志，张夫伟. 工具理性僭越的代价——工具化的道德教育［J］. 教育理论与实践，2007（12）：55.

② 辜鸿铭. 辜鸿铭文集：上卷［M］. 黄兴涛，等译. 海口：海南出版社，1996：449.

人"或曰"神、自然、人生"，即儒家所说的"儒者通天地人"。① 可见，辜鸿铭所谓"大人之学"是指通达社会人生的大学问，"小人之学"则指以传授专业知识和培养专门技能为目标的专门教育。"大人之学"培养的是通达社会人生的智者，"小人之学"培养的是有一技之长的专门人才。对于二者的高下之别，辜鸿铭引用培根的话说："专业人员只能做一些局部工作或对此加以评断。但是总体规划和对事情的设想与领导，最好由智者去做。"②

　　辜鸿铭提出"大人之学"的教育观，其目的在于批判现代教育专注于"小人之学"的现实。伴随工业社会的分工，近代专门教育兴起，专门教育致力于传授专门知识与技能，却丧失了对人自身的关怀，局限了人的全面发展，使人丧失了自由与个性，沦为技术的工具。而孔子开创的中国传统教育是一种"大人之学"，孔子的教育目标不仅是培养懂得"六艺"和"六经"的具有技艺和知识的人，更是要造就具有完美人格的君子，而君子的重要特征之一是"不器"，即教育的目的不应当是培养无人格的工具或器皿，而是具有高尚人格的人。辜鸿铭非常赞赏孔子的教育思想，他认为在孔子开创的中国古代教育体制下，"某位学生如果能有幸成为一名真正的受过教育者，那么他一定是一名君子，是一名真正具有思想修养的人"③。孔子开创的儒家教育是一种典型的人文教育，"儒家的教育思想不仅仅是对狭义的教育的认知，而且蕴含着整个古典时代对'人'的理解"，"以德性教育为中心的整全人格的塑造，是儒家的教育目标和理想，也是两千多年来儒家教育的历史实

---

① 辜鸿铭. 辜鸿铭文集：下卷 [M]. 黄兴涛，等译. 海口：海南出版社，1996：289.
② 辜鸿铭. 辜鸿铭文集：上卷 [M]. 黄兴涛，等译. 海口：海南出版社，1996：539.
③ 辜鸿铭. 辜鸿铭文集：上卷 [M]. 黄兴涛，等译. 海口：海南出版社，1996：534.

践"。① 正是基于对儒家人格教育的赞赏和认同，当晚清民国初年中国传统教育制度成为众矢之的时候，辜鸿铭为其辩护道："现在人们正大肆谈论着已经声名狼藉的中国古代教育体制的缺点，可就我根据孔子的经典来看，它还是有其优点的。"② 与现代教育相比，辜氏认为孔子开创的中国传统教育是一种"大人之学"，教育的目标是帮助人们理解生活，探寻人生之道，由此学会怎样过一种真正的人的生活，这是一种比注重发展专门教育的现代教育更为高远的教育目标和理想。

（二）论"大人之学"与"人生之道"

"人生之道"即"人生哲学"，其内容是教人怎样才能正当地生活，怎样才能过上人的生活。③ 辜鸿铭认为，孔子儒学所倡导的"大人之学"的教育目标，就是引导受教育者探寻正确的人生之道，"孔子全部的哲学体系和道德教诲可以归纳为一句，即'君子之道'"④。所谓"君子之道"，就是以培养高尚人格为旨归的合乎道德的人生哲学。

辜鸿铭认为，西方现代教育教导人们"把有用的和利益置于第一位，廉耻、法律和正义置于末位"，而儒家文明则"以旧学教育和引导人们把廉耻、法律和正义置于任何有用和利益之上"。⑤ 他从人生目的、人生与财富的关系、人与人之间的关系三个角度，论述了东西文明和教育的差异所导致的不同的人生哲学。第一，关于人生的目的。辜氏认为，现代西方人以追逐金钱与财富为人生的目的，这不是一种正当的人生目标。与西方人相比，传统中国人全然领会了人生的正确目的，那就

---

① 陈来. 论儒家教育思想的基本理念［J］. 北京大学学报（哲学社会科学版），2005（5）：203 - 204.
② 辜鸿铭. 辜鸿铭文集：上卷［M］. 黄兴涛，等译. 海口：海南出版社，1996：534.
③ 辜鸿铭. 辜鸿铭文集：下卷［M］. 黄兴涛，等译. 海口：海南出版社，1996：304.
④ 辜鸿铭. 辜鸿铭文集：下卷［M］. 黄兴涛，等译. 海口：海南出版社，1996：45.
⑤ 辜鸿铭. 辜鸿铭文集：上卷［M］. 黄兴涛，等译. 海口：海南出版社，1996：525.

是孔子所说的"入则孝，出则悌"，即在家为孝子，在国为良民（good citizen），即对家庭与社会负有责任感的公民，辜鸿铭认为这是孔子展示给中国人的正确的人生观。第二，关于人生与财富的关系。辜鸿铭批判现代西方人以追求金钱为人生目的，而孔子则教导中国人正确地处理财富与人生的关系，即"仁者以财发身，不仁者以身发财"。第三，关于人与人之间的关系。现代西方人与人之间的关系以金钱和利益为基础，而传统中国人与人之间的关系建立在情义基础上。《中庸》曰："仁者人也，亲亲为大。义者宜也，尊贤为大。"辜氏将儒家的"亲亲"与"尊尊"解释为"社会亲情"（Affection）和"英雄崇拜"（Hero - worship）。他说："我们热爱父母双亲，所以我们服从他们，而我们所以服从比我们杰出的人，是因为他在人格、智德等方面值得我们尊敬。"① 以上辜鸿铭以"逐利"还是"崇义"区分了东西人生观的差异，他力图以此论证儒家人生哲学的道德合理性，进而阐释儒家教育和儒家文明的合道德性。

有什么样的教育，便会有什么样的人生哲学。如果说"小人之学"所培养出来的人以"谋生"和"逐利"为人生哲学，那么，"大人之学"所培育出来的人则以"谋道"和"崇德"为人生哲学。但是，"谋生"与"谋道"和"逐利"与"崇德"的关系并不是水火不容的，它们应是互补相融的。传统教育与现代教育均存在偏差，中国传统教育注重培育人的道德素养而轻视科学知识教育，现代教育则注重科学知识的传授而忽视人文道德素养的培育。缺乏人文精神的熏陶，难以培养出人格健全的现代人；反之，缺乏科学知识与专门技能的教育，培养出来的将是无法适应现代社会的谦谦君子。

---

① 辜鸿铭. 辜鸿铭文集：上卷［M］. 黄兴涛，等译. 海口：海南出版社，1996：307.

第五节　道德相对主义批判

一、揭示现代社会的道德相对主义

在《中国牛津运动故事》初版自序中，辜鸿铭以英国人为例，揭示并批判了近代以来西方社会的道德相对主义。他说："有一天，我同一些外国人讨论，上海的中国居民和欧洲居民谁更道德？对此，一个英国人说：'那完全要看你观点如何。'"① 接着，他又指出："每一个英国人，正如英国《泰晤士报》所说的，对于诗歌、艺术、宗教、政治和文明，如何才算高超，怎样才算完美，都有着他自己小小的看法或观点。"② 辜鸿铭援引马太·阿诺德的评论，评判了英国人的此种"观点"哲学。马太·阿诺德曾说："有一种哲学理论在我们中间广泛流传，它使人们相信，尽善尽美的品德或至当至上的理由是不存在的，起码，公认的和可行的至上品德或至当理由这种东西是不存在的。"③ 辜鸿铭对阿诺德的观点深以为然，他认为，无论是中国还是欧洲，当前的危险，不在于人们把陈规固套（即因袭已久的是非标准）误认为"理性和上帝的意志"，而在于人们根本不相信有"理性和上帝的意志"这种东西存在。换言之，人们不相信有所谓正确或错误的观点。每个人都认为自己的看法或观点即便不比别人高明，起码也和别人一样高明，人

① 辜鸿铭. 辜鸿铭文集：上卷［M］. 黄兴涛，等译. 海口：海南出版社，1996：277.
② 辜鸿铭. 辜鸿铭文集：上卷［M］. 黄兴涛，等译. 海口：海南出版社，1996：278.
③ 辜鸿铭. 辜鸿铭文集：上卷［M］. 黄兴涛，等译. 海口：海南出版社，1996：277.

们根本不在乎所谓的正确理性和上帝的意志。① 这实际上揭示了启蒙运动以来西方社会深刻的道德危机——道德相对主义。

所谓道德相对主义，是指"判断一个行为是否道德取决于判断者关于善恶的观念（即善恶的标准），对同一个行为的不同的道德判断相对于判断者各自的善恶标准是同样正确的，我们并无客观的标准决定不同的善恶观念之间的优劣"②。道德相对主义古已有之，但这种道德现象的盛行则始自西方启蒙运动。启蒙运动以来，"理性"在很大程度上取代了上帝的位置，成为人们判断事物的尺度。理性蕴含着科学精神、怀疑精神。这种现代精神给传统的具有绝对价值的普遍伦理带来了致命的冲击。

有学者分析指出，道德相对主义产生的最主要的因素是科学方法的影响。首先，启蒙运动以来的科学方法使人类学家发现了不同族群之间的文化差异与道德价值观差异，这为道德相对主义提供了重要的经验基础。其次，启蒙运动对基督教神学的批判也使基督教伦理作为西方社会普遍伦理的历史地位受到动摇，人们逐渐容忍以至完全认同多元价值观。最后，以强调个人权利为核心的现代文明赋予了个体挑战传统道德权威的权利，这使得绝对的传统价值失去了信仰的社会基础。③ 著名伦理学家麦金泰尔在揭示当代人类社会的道德危机时也指出，这一危机体现在三个方面：一是道德生活中的道德判断的运用，是纯主观的和情感性的；二是个人的道德立场、道德原则和道德价值的选择，是一种没有客观依据的主观选择；三是从传统的意义上，德性已经发生了质的改

---

① 辜鸿铭. 辜鸿铭文集：上卷［M］. 黄兴涛，等译. 海口：海南出版社，1996：281.
② 陈真. 道德相对主义与道德的客观性［J］. 学术月刊，2008（40）：40－50.
③ 王晓升. 道德相对主义的方法论基础批判——兼谈普遍伦理的可能性［J］. 哲学研究，2001（02）：25－31.

变，并从以往在社会生活中所占据的中心位置退居到生活的边缘。① 麦金泰尔所揭示的当代道德危机，实质上就是道德相对主义危机。

　　道德相对主义危机实质上是道德权威危机，因为，道德相对主义否定存在普遍伦理。人们不再相信权威，不相信存在区分好坏与优劣的绝对标准。道德权威危机的一个深刻的现代社会根源在于，"道德行为者虽然从似乎是传统道德的外在权威（等级、身份等）中解放出来了，但是这种解放的代价使新的自律行为者所表述的任何道德言辞都失去了全部权威性内容。各个道德行为者在获得这种新中国成立以后，可以不受外在神的律法、自然目的论或等级制度等权威的约束来表达自己的主张"②。正如辜鸿铭所指出的，每个人对于道德问题都有自己"小小的看法"，人们不相信存在区分正当与错误的绝对标准，每个人都有自己对于正当或者错误的理解，并没有绝对的正当或错误。道德权威崩溃在带来价值观多元化的同时，也导致了道德相对主义的盛行。道德相对主义在破除宗教神旨论的独断权威和寻找道德的新的基础的过程中曾发挥过积极作用。但它存在的主要问题在于，道德相对主义否认人类共性的存在，或者过分夸大文化之间的差异，甚至抹杀善恶之间的界线，进而否定了普遍伦理的存在，否定了道德具有客观性，从而导致道德争论、道德虚无主义，直至危害人类社会的道德秩序。20 世纪以来，道德相对主义已发展成为现代思想界的梦魇和伦理学家必须直面的挑战对象，它可能导致的危害向我们昭示，在承认价值多元的正当性的基础之上，应该有某种普遍主义的评价标准。

---

① 麦金泰尔. 德性之后 ［M］. 龚群，戴扬毅，等译. 北京：中国社会科学出版社，1995：2.

② 麦金泰尔. 德性之后 ［M］. 龚群，戴扬毅，等译. 北京：中国社会科学出版社，1995：9.

二、寻找达成普遍伦理的途径

在辜鸿铭所处的时代，儒家士大夫与基督教传教士各自认为自己的道德文明是评判正当与错误的绝对标准。针对这种争论，辜鸿铭以一个生动有趣的古代乡愚指马为牛的故事，讥讽了保守的儒家士大夫与基督教传教士的狭隘与无知。他写道："宋代著名诗人苏东坡（1039—1112年）的弟弟，曾讲过一个乡愚第一次进城的故事。说那个乡愚见到一头雌马的时候，硬说是见到了一头母牛。城里人说他弄错了，并告诉他面前的牲口是母马而不是母牛，那个乡愚却反驳说：'我父亲说它是一头母牛，你们怎敢说它是头母马呢？'"① 辜鸿铭认为，当基督教传教士告知中国文人学士，道德或宗教与文明的至当标准是基督教标准，或者，当中国文人学士告知基督教传教士说，孔教标准是至当标准时，他们的所作所为就好比那个乡愚。

那么，究竟有没有区分正当与错误的绝对标准？即：有没有普遍伦理存在？对此，辜鸿铭的回答是肯定的。他认为，斯宾诺莎所说"神圣的宇宙秩序"实质上就是客观存在的真理，道德规范就是神圣的宇宙秩序的一部分，是区分正当与错误的绝对标准。只不过，古今中外的智者给"神圣的宇宙秩序"起了不同的名称，孔子称之为"天命"，老子称之为"道"，德国哲学家费希特称之"神圣的宇宙观"。② 无论被赋予了什么名字，客观真理是存在的，判断正当与错误的道德标准是存在的。然而，这种至当标准的具体内容究竟是什么，辜鸿铭并没有展开论述。但他提出了如何克服道德相对主义，达致普遍伦理的途径。这种途径就是他所说的"道德上的扩展"。

---

① 辜鸿铭. 辜鸿铭文集：上卷 [M]. 黄兴涛，等译. 海口：海南出版社，1996：279.
② 辜鸿铭. 辜鸿铭文集：下卷 [M]. 黄兴涛，等译. 海口：海南出版社，1996：54.

"扩展"（expansion）是辜鸿铭思想的一个重要概念。他所谓的"扩展"，大意是指一种择善而从的、开放的文化心态。他指出，"扩展"需要懂得那些后来被归纳成体系的称之为基督教或儒教的理论汇编，行为规范与信条，并不是绝对真实的宗教，正如中国的文明或欧洲文明并非是真正完美无缺的文明一样；且认为，"真正的扩展"并不告诫人们说不存在可以据之判定孰是孰非、孰优孰劣的至上之德和至当理由。由此可见，辜鸿铭批判道德相对主义，但他并不是一个道德绝对主义者，而是一个道德客观主义者①，他认为存在客观的普遍的道德规则，但这些道德规则的应用可以随着条件的不同而有所不同。辜鸿铭认为不论是东方的儒家文明还是西方的基督教文明都不是完美无缺的，东西文明距离完美还非常遥远，因此两种文明都需要"扩展"。

辜鸿铭认为，自法国大革命以来，现代欧洲人民已经有力地抓住了这种扩展观念。他援引阿诺德的话赞美欧洲的扩展思想，"我们长期在其中生活与活动的那种封闭的知识视野，现在不是正在打开吗？种种新的光辉不是正畅通无阻地直接照耀着我们吗？长期以来，这些光辉无由直射我们，因而我们也就无法考虑对它们采取何种行动。那些拥有陈规故套并将其视为理性和上帝意志的人，他们被这些陈规故套束缚了手脚，无以解脱，哪里还有力量去寻找并有希望发现那真正的理性和上帝的意志呢？但是现在，坚守社会的、政治的和宗教的陈规故套——那种极其顽强的力量，那种顽固排斥一切新事物的力量，已经令人惊奇地让步了"②。然而，曾经有力地抓住了扩展观念的欧洲人，如今却滑入了思想的歧途——道德相对主义。阿诺德指出："当前的危险，不是人们顽固地拒绝一切，一味地抱住陈规故套不放，并将其当作理性和上帝的

---

① 陈真. 道德相对主义与道德的客观性［J］. 学术月刊，2008（40）：40–50.
② 辜鸿铭. 辜鸿铭文集：上卷［M］. 黄兴涛，等译. 海口：海南出版社，1996：280.

意志，而是他们太过轻易地便以某些新奇之物相取代，或者连陈规新矩一并蔑视，以为随波逐流即可，毋需麻烦自己去考虑什么理性和上帝的意志。"① 辜鸿铭指出，现在的欧洲人根本不在乎所谓的正确理性和上帝的意志，他们的精神状态甚至比中国旧式的文人学士还要不如，并认为中国旧式的文人学士还远不如现代的英国人更需要"扩展"。他说："心灵扩展的真正价值，在于能使我们领悟到像伦敦《泰晤士报》称之为我们自己小小看法的所谓完美，距离真正的、绝对的完美实在非常遥远。这种真正的绝对的完美，存在于事物的内在本性之中。的确，当英国人一旦弄清了真正扩展的意义所在，他就会意识到他现在那种小小的猜测即那种对于宗教和世俗完美的小小看法，实在是个极其狭隘的小小看法，由此，他还会感到不再那么迫不及待地要将自己的这种小小看法强加给别人了。"② 辜鸿铭的论述，不仅揭示了欧洲道德相对主义的危机，也揭露了欧洲文化中心主义的傲慢。辜鸿铭指出，要实现真正的"扩展"，必须坚持知识和道德上的"门户开放"原则。所谓"门户开放"原则是指"检验一切事物，择善固执"。他认为没有知识和道德上的"门户开放"，真正的扩展是不可能的。他告诫道："不仅今日中国而且今日世界所需要的，不是那么多的'进步'和'改革'，而是'门户开放'和'扩展'，不是那种政治上的或物质上的'门户开放'和'扩展'，而是一种知识和道德意义上的扩展。没有知识上的门户开放，不可能有真正的心灵扩展，而没有真正的心灵扩展，也就不可能有进步。"③

综上所述，辜鸿铭对已渗透到现代西方人思想中的道德相对主义有

---

① 辜鸿铭. 辜鸿铭文集：上卷［M］. 黄兴涛，等译. 海口：海南出版社，1996：280.
② 辜鸿铭. 辜鸿铭文集：上卷［M］. 黄兴涛，等译. 海口：海南出版社，1996：282.
③ 辜鸿铭. 辜鸿铭文集：上卷［M］. 黄兴涛，等译. 海口：海南出版社，1996：283.

所觉察，他不仅揭示了这种道德现象，而且对道德相对主义有所批判。在辜鸿铭看来，张之洞总结提出的"中体西用"思想实质上也是一种否定存在客观道德规则的道德相对主义。辜鸿铭是一个道德客观主义者，他认为存在可以判断正当与错误的客观的道德标准，那就是"神圣的宇宙秩序"，即中国哲学语言中的"道"所包含的思想。从现实角度出发，辜鸿铭认为不论是东方的儒家道德文明还是西方的基督教道德文明都不是完美的至当的判断正确与错误的标准。东西方文明要走向和解、达到完美，都需要"道德上的扩展"，即相互学习，择善而从。这实际上就是辜鸿铭所认为的人类寻求普遍伦理的途径。

小结

本章从宗教、军事、媒体、教育、道德等五个方面梳理了辜鸿铭对西方文明的伦理批判与反思，体现了辜氏思想以传统批判现代性的思想特点。其观点可归纳如下。

第一，关于基督教。辜氏认为，残酷的战争表明，基督教宗教伦理作为一种曾经约束人心的道德力量在欧洲已然失去效用。其原因在于启蒙理性对宗教神圣性的消解，使基督教伦理失去对欧洲人心的道德约束力。现代化过程实质上是理性精神祛除神学巫魅的历史过程。经历了启蒙思想洗礼的欧洲人，要么因利益而非信仰而加入基督教，成为虚伪的基督教徒（基督教会的堕落和传教士的伪善充分说明了这一点）；要么完全将基督教弃若敝屣，只相信"纯粹的自然力量"，这种人则变成军国主义者和无政府主义者。辜鸿铭继而分析了基督教宗教伦理为什么会被启蒙理性消解的原因，他认为，基督教宗教伦理存在致命的理论缺陷，即"非理性和不实际"，这使得基督教伦理道德在面对战争冲突时表现得无能为力。辜氏认为，基督教的理论缺陷是导致"一战"爆发的宗教文化根源。

第二，关于现代军事伦理。辜鸿铭站在正义战争的立场上，批判了近代欧洲军国主义，谴责欧洲的军备竞赛不是真正的武力，而是腐朽的酿乱力量，它带来的不是和平与秩序，而是战争的灾难，因而是不道德的武力。从中世纪骑士为荣誉而战的精神出发，辜鸿铭批判现代军人为利益而战，沦为无道德责任感的战争机器。

第三，关于近代传媒业。辜鸿铭揭露了以《泰晤士报》为例的西方传媒业的唯利是图和民族利己主义立场，并分析认为，导致现代新闻传媒业丧失职业道德的深层原因是交易思想，认为交易思想已经深深渗透到人类的精神生活领域。尤其值得警惕的是，新闻界已经取代基督教会变成了新时代的"教会"，其影响力足以左右人们的思想和价值判断。

第四，关于现代教育。辜氏批判现代教育偏重智力而忽视对受教育者精神和道德情操的培育，认为现代教育培养出来的人是人格不完善的人。他尤其批判了现代爱国主义教育，他认为统治者过多地赋予了"爱国主义"以"战争精神"和民族利己主义内涵，这正是导致"一战"发生的教育思想根源。

第五，关于近代社会的道德危机。辜鸿铭揭示并批判了近代社会出现的道德相对主义思潮。启蒙运动以来，个人主义成为人们崇尚的价值观，人们不相信有所谓"正确理性和上帝的意志"。当代社会价值观的多元化，在瓦解传统道德权威对人们的束缚的同时，也导致了道德相对主义的盛行。辜鸿铭坚信，存在区分正当与错误的道德标准，那就是西方哲人所说的"神圣的宇宙秩序"或中国哲学中的"道"。为沟通中西伦理文明，辜氏提出"扩展"，即以开放的文化心态对待中西文明的差异以避免陷入道德相对主义的困境。

第四章

辜鸿铭的儒家道德文明观

在中国近代史上，辜鸿铭被誉为"率先认识到儒家文明的世界意义、认识到儒家文明对于现代化进程的意义的思想先驱，同时也是率先向西方读者阐释儒家文明之优越性的思想先驱"①。辜鸿铭对儒家道德文明的推崇，如其所言："孔子教人之法，譬如数学家之加减乘除，前数千年其法为三三如九，至如今二十世纪，其法亦仍是三三如九，固不能改如九为如八也。"② 意即儒家文明所蕴含的价值，不会因时代的变迁而改变。面向西方世界阐释儒家道德文明的内涵与价值，构成了辜鸿铭一生文化活动的主要内容。

第一节 论儒学的宗教性

在西方文明话语霸权的背景下，近代不少西方汉学家以西方哲学和宗教为标准，认为儒学既非哲学亦非宗教，仅是一些"简明易懂的道德规范"。针对这种观点，辜鸿铭认为，儒学既是哲学也是宗教。他指

---

① 唐慧丽. 优雅的文明：辜鸿铭的人文理想新论 [D]. 上海：华东师范大学，2010：7.
② 辜鸿铭. 辜鸿铭文集：上卷 [M]. 黄兴涛，等译. 海口：海南出版社，1996：420.

出，作为哲学的儒学与西方哲学的区别在于，"欧洲哲人们未能将其学说变为宗教或等同于宗教，其哲学并没有被普通民众所接受。相反，儒学在中国则为整个民族所接受，它成了宗教或准宗教"①。作为宗教的儒学，是一种带有行为规范的教育系统，是被一个民族中的大多数人所接受和遵守的准则，是一种广义的宗教。② 为了揭示儒学的特点及其社会价值，辜鸿铭以耶儒比较视角，从心理、人性、情感、道德、社会等多个层面，阐释了儒学作为哲学却能取代宗教发挥道德教化功能的深层原因，形成了他独具特色的儒教观。

一、"安全感"与"永恒感"：论儒学被信仰的心理原因

儒学为何能取代宗教成为传统中国人的信仰？要揭示这个秘密，首先需要弄清楚人类为什么需要宗教这一问题。辜鸿铭从人类对安全感与永恒感的终极心理需要出发，阐释了儒学能取代宗教的心理学原因。

辜氏认为，人类需要宗教，与人类需要科学、哲学或艺术的原因一样，因为人是有心灵的。神秘莫测的宇宙和生死无常的人生，使人的心灵感到巨大的压力与恐惧，为了减轻这种压力与恐惧，人类需要宗教、科学、哲学与艺术。艺术和诗歌能够使艺术家和诗人发现大自然的美妙及宇宙的法则，从而减轻了他们所承受的压力，因此艺术家们不需要宗教；哲学能够使哲学家懂得宇宙的法则和秩序，从而缓解了这种神秘所带来的压力，所以哲学家也不需要宗教；科学能够令科学家认识宇宙的奥秘和秩序，使来自神秘自然的压力得以减轻，因此，科学家也不感到需要宗教。但是，对于大多数凡夫俗子而言，唯有宗教能帮助他们减轻

---

① 辜鸿铭. 辜鸿铭文集：下卷［M］. 黄兴涛，等译. 海口：海南出版社，1996：42.
② 辜鸿铭. 辜鸿铭文集：下卷［M］. 黄兴涛，等译. 海口：海南出版社，1996：42.

这个神秘莫测的世界所造成的重压。①宗教之所以成为普通大众的信仰，其原因在于宗教给人以安全感和永恒感，帮助人类减缓宇宙与人生中的各种恐惧与压力。对此，辜鸿铭论述道："在自然力的恫吓下，在冷酷无情的同胞面前，在令人恐怖的大自然的神秘感的驱使下，普通百姓们转而求助于宗教——在这个避难所里他们找到了安全感。他们确信有一个超自然之物以绝对权力控制着那些给予他们打击的力量。此外，现实中那永恒的变换、人生的变故——从出生，经儿童、青年、老年直至死亡，这些神秘的、不确定的现象，同样使人们需要一个避风港——在那里他们得到了永恒感，确定对于来世的信念。"② 因此，对于芸芸众生而言，除非能找到像宗教一样能给他们以同样的安全感和永恒感的东西，否则人类将永远需要宗教。基督教给人们造就了一个全能的人格神——上帝，对上帝的信仰，使西方人感受到安全感与永恒感。那么，作为"人间教"的儒教能赢得人们的信仰，其中一定也存在能带给人安全感和永恒感的东西，辜鸿铭认为，这种东西就是"皇权信仰"和"祖先崇拜"。

辜鸿铭认为儒教中的"皇权信仰"给中国人带来安全感。在其他国家中，是信仰来世的宗教给予了大众以永恒感，而在中国，这种永恒感则来自对皇权的崇拜和信仰。他指出："在中华帝国的每个男人、妇女和儿童的心目中，皇帝被赋予了绝对的、超自然和全能的力量。而正是这种对绝对的、超自然的、全能的皇权信仰，给予了中国人民一种安全感，就像其他国家的大众从信奉上帝而得到的安全感一样。"③ 其次，中国人对皇权的信仰产生了忠诚之道，忠诚之道则给中国人带来永恒

---

① 辜鸿铭. 辜鸿铭文集：下卷［M］. 黄兴涛，等译. 海口：海南出版社，1996：38.

② 辜鸿铭. 辜鸿铭文集：下卷［M］. 黄兴涛，等译. 海口：海南出版社，1996：39.

③ 辜鸿铭. 辜鸿铭文集：下卷［M］. 黄兴涛，等译. 海口：海南出版社，1996：52.

感。辜鸿铭认为，皇权信仰使中国人形成了一种国家绝对牢固和永恒的思想。这种认识，又使人们体会到社会发展无限的连续性和持久性，最终使中国人感受到了族类的不朽。此外，儒教中的"祖先崇拜"，进一步使中国人在家庭中体认族类不朽，从而加深这种永恒感。辜鸿铭认为，"中国的祖先崇拜与其说是建立在对来世的信仰之上，不如说是建立在对族类不朽的信仰之上。当一个中国人临死的时候，他并不是靠相信还有来生而得到安慰，而是相信他的子子孙孙都将记住他、思念他、热爱他，直到永远。在中国人的想象中，死亡就仿佛是将要开始的一次极漫长的旅行，在幽冥之中或许还有与亲人重逢的可能"①。正是儒教中的祖先崇拜和皇权信仰，使中国人在活着的时候得到了生存的永恒感，而当他们面临死亡时，又由此得到了慰藉。中国人对祖先的崇拜与对皇帝的效忠具有同等重要的意义，原因正在于此。

辜鸿铭从人类最深层次的终极心理需要出发，揭示出宗教产生的心理原因在于人类对于安全感与永恒感的需要。辜鸿铭通过对中国人皇权信仰与祖先崇拜的解读，揭开了儒教为什么能取代宗教成为人们的信仰的心理原因，显示了他对儒学内在宗教精神的深刻洞察力。

二、"人之真性"：论儒学被信仰的人性原因

儒学虽然是一种道德哲学，但从人性关怀的角度考察，辜鸿铭认为儒家伦理思想与西方道德哲学有重要区别，而与宗教伦理在人性关怀上有相通之处。

辜鸿铭首先从道德法所遵循的是"人之理性"还是"人之真性"，分析了伦理学家道德法与宗教家道德法之间的区别。他指出，伦理学家

---

① 辜鸿铭. 辜鸿铭文集：下卷 [M]. 黄兴涛，等译. 海口：海南出版社，1996：52.

的道德法告诉我们，我们必须服从称之为"理性"的人之性。但是，"理性通常被理解为一种思维推理的力量，它是人头脑中的一个缓慢的思维过程，可以使我们区分和认知事物外形可定义的特征。因此，在道德关系方面，理性即我们的思维能力，只能帮助我们认识是非或公正的那些可以名状的特征，诸如习俗惯例、德行，它们被正确地称之为外在的行为方式和僵死的形式，即躯壳；至于是非或公正的那些无法名状的、活生生的绝对的本质，或者说公正的生命与灵魂，单是理性，我们的思维能力是无能为力的"①。意即伦理学家的道德法是抽象化了的、形式的、僵硬的东西，它与有着灵动生命体验的人的灵魂并不契合。因此，伦理学家的道德法往往只对道德问题的学术研究具有价值和意义，它不可能成为人们信仰道德规范的现实来源。接着，辜鸿铭分析了宗教家的道德法。他认为，宗教道德教人们服从的是"人之真性"。这种"真性"既非世俗的肉体之性，也非"人类自我保护和繁衍的本性"，而是人的"灵魂之性"，实质上就是人的良知。在辜鸿铭看来，建立在"人之真性"基础上的宗教伦理，能深入到人的灵魂，成为人们的信仰，因而是比伦理学家的道德法更为深刻的道德法则。辜鸿铭认为，孔子的伦理思想同宗教家的道德法一样，建立在"人之真性"的人性关怀基础之上。他说："孔子的君子之道不是别的，正是一种廉耻感。它不像哲学家和伦理学家的道德律令，是关于正确与谬误的形式或程式之枯燥的、没有生命力的死知识，而是像基督教《圣经》中的正直一样，是对是非或公正，对称作廉耻的公正之生命与灵魂，对那种无法名状的绝对本质之一种本能的、活生生的洞察与把握。"② 这也就是说，孔子的伦理思想遵循的是自然之人情，而不是剔除了情感的、冷冰冰的

①　辜鸿铭．辜鸿铭文集：下卷［M］．黄兴涛，等译．海口：海南出版社，1996：56.
②　辜鸿铭．辜鸿铭文集：下卷［M］．黄兴涛，等译．海口：海南出版社，1996：58.

理性。

　　接着，辜鸿铭通过对孔子伦理思想的核心——"仁"以及基督教"神性"一词的对比与阐释，进一步分析了儒家伦理思想与宗教伦理之合乎自然人情的人性关怀指向。辜鸿铭认为，宗教的生命与灵魂是"君子之道"，而君子之道由爱而生。他说："人类首先自男女之间学到了爱，但人类之爱并不仅限于男女之爱，它包括了人类所有纯真的感情，这里既有父母与孩子之间的那种亲情，也含有人类对于万事万物所抱有的慈爱、怜悯、同情和仁义之心。"① 辜鸿铭认为，人类这种纯真的博爱，在中国哲学语言中可以用"仁"来表达，基督教中的"神性"（godliness）与"仁"的意义最接近。因此，"仁"就是"爱"。宗教感化力的源泉就来自"爱"。由此，辜鸿铭进一步论证了以"仁"为核心的孔子伦理思想与宗教伦理的相通之处。孔子以"爱"释"仁"，将伦理秩序建立在以亲情为起点的人类情感的基础之上，的确契合了自然之人情，因而能引起人们的共鸣乃至信仰。

三、道德感染力：论儒学被信仰的情感原因

　　宗教之所以能发挥重要的道德教化功能，离不开宗教带给信众的激情和感染力。辜鸿铭认为，所有伟大的宗教，其真正的价值在于能够把这种激情和感染力传达给大众，从而使人们领会并遵从道德规范。宗教的可贵之处也正在于这种激情和感染力，这也是哲学家或伦理学家的道德说教所无法企及的。辜鸿铭认为，儒教之所以能使人服从道德规范，也源于儒教具有宗教般的情感感染力，只不过儒教感染力的源泉来自对父母的爱，而其他宗教的感染力则来自教徒对教主的狂热之爱。

---

　　① 辜鸿铭. 辜鸿铭文集：下卷［M］. 黄兴涛，等译. 海口：海南出版社，1996：58－59.

　　辜鸿铭首先分析了宗教感染力的来源——教主与教堂。他说："世界上所有伟大宗教的创始者，都是性格特殊、感情强烈的人。这使得他们感受到一种强烈的爱、或称之为人类之爱……这种爱使宗教具有了感染力，它是宗教的灵魂。"① 这种强烈的爱以及丰富的想象力，使宗教创始人得以把握是非的本质，并将正义的法则与道德的规范相统一，在不知不觉中将道德规范塑造成一个人格化的、全能的、超自然之物，即上帝。宗教的感染力和激情由此产生，这种感染力打动了大众，唤醒了他们的宗教情感，并使他们对简明扼要的宗教教义奉若神明。宗教的价值不仅在于它具有这种感染力，而且还在于它拥有一个能够持续唤醒、激发和鼓舞这种激情和感染力的机构——教堂。在辜鸿铭看来，教堂是用来教人信上帝的观点是对教堂作用的极大误解。他认为教堂真正的功能不在于劝善，而在于激发人们的为善之念，即唤醒与激发人们对教主的热爱之情，从而使人们受到感动而服从道德规范。他说："所谓信仰先知、爱戴耶稣，事实上都只是一种感情，是一种像我曾说过的教徒对教主无限的、狂热的个人崇拜。教堂则不断地激发这种感情，并将其世代保持下来。世界上所有伟大的宗教所以能够使大众服从道德行为规范，其真正的力量和感染力的源泉正是这种狂热的感情。"② 这深刻揭示了宗教信仰—情感—道德三者之间的内在关联。

　　与一般宗教不同的是，儒教感染力的来源不是教主和教堂，而是学校与家庭。儒教激发人们道德情感的方式，不是依靠对教主的个人崇拜，而是学校的道德教育和家庭的道德熏陶。辜鸿铭认为，儒教中相当于教堂的机构是学校，他说："在中文里，宗教与教育所用的是同一个'教'字。事实上，正如教堂在中国就是学校一样，中国的宗教也就意

① 　辜鸿铭. 辜鸿铭文集：下卷［M］. 黄兴涛，等译. 海口：海南出版社，1996：60.
② 　辜鸿铭. 辜鸿铭文集：下卷［M］. 黄兴涛，等译. 海口：海南出版社，1996：62.

味着教育。……中国的学校是以教人明辨是非为目标的。"① 学校作为儒教的"教堂"，同样是通过唤醒、激发人们的道德热情，从使之服从道德行为规范。但儒教中国的学校所唤醒的那份道德感情，与教堂所激发的激情，是不一样的。儒教不是靠鼓励和煽动对孔子的个人崇拜来激发人们的道德热情。事实上，孔子无论在生前还是死后，都没有像其他宗教的教主一样受到过狂热的个人崇拜。孔子在中国人心中是完美人格的典型。辜鸿铭认为，宗教创始者大多没有受过教育，而孔子具有太高的文化素养，所以他不属于宗教创始者那一类人。因此，中国的"教堂"——学校并不是通过激发人们对孔子的崇拜来使人服从道德规范的。实质上，中国的学校是通过向学生传授一切优雅的、有价值的美好事物，自然激发出人之向善的情感，从而使人们自觉遵守道德规范的。然而，能进入学校接受教育熏陶的人，在传统中国毕竟只是少数人。因此，辜鸿铭认为，儒教的真正教堂其实还不是学校，而是家庭，"有着祖先牌位的家庭，在每个村庄或城镇散布着的有祖先祠堂或庙宇的家庭"，才是儒教的真正教堂。所不同的是，基督教的教堂教导人们要热爱上帝，供奉着祖先牌位的中国家庭教堂则教导人们要热爱祖先。

四、"内心的上帝"：论儒学被信仰的道德原因

儒学，就其本质而言是一种道德哲学。要揭示儒学能取代宗教成为中国人的信仰的原因，还需要弄清楚宗教信仰与道德教化之间的关系。

首先，辜鸿铭从宗教道德约束力的来源，分析了宗教信仰与道德的关系。他认为宗教的道德约束力并非来自外在的上帝权威，而是来自人们内心的道德感。一般认为，宗教之所以能发挥道德教化功能，是因为

---

① 辜鸿铭. 辜鸿铭文集：下卷［M］. 黄兴涛，等译. 海口：海南出版社，1996：63.

人们对上帝的信仰，是上帝的权威使人们服从并遵守宗教的道德规范。辜鸿铭认为，这是对宗教信仰的一个极大的误解。基督说："上帝就在你心中。"马丁·路德也说过："上帝不过是人们心中忠诚、信义、希望和慈爱之所在，心中有了忠诚、信义、希望和慈爱，上帝就是真实的，相反，上帝则成为虚幻。"① 事实上，宗教所宣传的上帝，不过是人们心灵的一种依靠和慰藉。例如，在欧洲，神圣的婚姻要由教堂来认可，人们以为对上帝的信仰是婚姻约束力的来源，实际上这只是一个表面现象。辜鸿铭认为，"神圣婚姻的内在约束力是男人和女人自身的廉耻感和君子之道"。换言之，使人们遵守道德规范的真正权威，不是外在的上帝，而是人们"内心的上帝"，即道德良知。辜鸿铭对宗教信仰与道德的关系的阐释，目的在于揭示宗教的道德本质，以此说明，西方基督教文明并非是文明发挥道德教化功能的唯一方式或最好方式。因为，"道德的归宿是信仰，但宗教信仰不是道德的惟一宿主"②。儒家文明虽然不是西方意义上的宗教，但它通过培育人们内心的道德感，也同样能起到使人们尊崇道德规范的社会功效。

其次，辜鸿铭通过区分普通人与智者对"上帝"的不同理解，力图说明西方宗教信仰与儒学在道德教化功能上的殊途同归。在他看来，智者心中的"上帝"有别于常人，如果说普通人信奉上帝是对超自然力量的神灵的崇拜，那么智者对上帝的信仰则是对"神圣的宇宙秩序的信仰"。辜鸿铭认为，东西方的智者为这种"神圣的宇宙秩序"起了不同的名称，如德国哲学家费希特称之为"神圣的宇宙观"；在中国的哲学语言中，它被称之为"道"；孔子所说的"天命"也就是"神圣的

---

① 辜鸿铭. 辜鸿铭文集：下卷［M］. 黄兴涛，等译. 海口：海南出版社，1996：55.
② 王晓朝. 文化视域中的宗教与道德［M］// 罗秉祥，万俊人. 宗教与道德之关系. 北京：清华大学出版社，2003：57.

宇宙秩序"的意思。无论被赋予了什么名字，在智者的心目中，"上帝"实际上只是一种关于神圣的宇宙秩序的知识。这种知识使富于智慧的人们认识到，道德规范或"道"属于宇宙秩序的一部分，所以必须遵守。因此，儒学信仰便能如宗教信仰一样，发挥社会道德教化功能，只不过儒学信仰所尊崇的"上帝"是一种道德理性，而宗教信仰崇拜的"上帝"则是超自然的神灵。在辜鸿铭看来，普通大众并不能像智者一样认识到道德规范属于宇宙秩序的一部分，从而自觉服从并遵守。因此，对于芸芸众生而言，宗教信仰的价值与意义就在于它能够使众生服从并严格遵守道德规范。儒学则通过教育启发人们的道德，培育民众的道德责任感，使人们遵从道德规范，因此儒学能起到如同西方宗教一般的社会道德教化功能。

五、"良民宗教"：论儒学被信仰的社会原因

儒教虽然是广义上的宗教，但很显然，它与世界其他宗教具有显著区别。辜鸿铭认为，儒教除了在起源上没有超自然因素外，其在宗旨上与佛教和基督教的本质区别在于，后者是教导人们怎样成为一个好人，而儒教则更进一步地教导人们怎样成为一个好的社会公民。因此，辜鸿铭将儒教称为"良民宗教"（The Religion of Good‐citizenship），他认为儒教作为"良民宗教"的特点有三。

首先，儒教的道德教化功能曾经给中国社会带来长久的和平与秩序。他说："由于拥有这种良民宗教，广大的中国人民，这个人口即使不比整个欧洲大陆人口众多，至少也和其不相上下的民族，在实际上和实践上，没有教士和军警，却始终保持着和平与秩序。"① 辜氏推崇儒

---

① 辜鸿铭. 辜鸿铭文集：下卷［M］. 黄兴涛，等译. 海口：海南出版社，1996：24.

教的最重要原因，就在于"良民宗教"不是通过法律或暴力强制的手段维持秩序，而是通过道德教化来维持社会的和平与有序。

其次，儒教教给人们正确的人生观。孔子曰："孝弟也者，其为人之本与!"（《论语·学而》）辜鸿铭认为，孝弟为人生之本，正是孔子的学说与其他的宗教思想体系的根本区别之所在。佛教和基督教的宗旨，是教导人们怎样成为一个好人。如果人们想成为一名好人，一名上帝之子，人们只需思索灵魂的状态及对上帝的义务，而不必思考现实世界。而儒教则进一步教导人们要成为一个好的社会公民，"如果人们希望对上帝尽义务，那么同时也必须对人类尽义务，即孝悌之义务"。因此，良民宗教"不是那种戴着神圣光环的圣者的宗教"，"而是一种为那些纳税、付房租的平民百姓设立的宗教"。① 遵循良民宗教的准则生活，比遵循佛教和基督教的教义要难得多，因为良民宗教要求人们承担对他人的责任与义务，而佛教和基督教只需要静思其灵魂状态和对上帝的义务就行了。换言之，"良民宗教"是关于个人对于社会之责任的"社会宗教"，而其他宗教则是个人如何超脱于社会之上的"个人宗教"。正是在这个意义上，儒教又被辜鸿铭称为"社会宗教"或"国教"，而基督教和佛教则被称为"个人宗教"或"教堂宗教"。

再次，"良民宗教"教导人们尽义务而不是争权利。辜鸿铭认为，道德责任感是中国传统社会秩序的基础。儒教的目标就是培养人们的道德责任感。"良民宗教"的宗旨是教导人们成为一个有道德责任感的好公民，为此，儒教中国"不仅公认这种道德责任感，将其作为社会秩序的根本基础，而且还把使人们完满的获得这种道德责任感作为唯一的目标；因而在社会秩序、教育方法、统治方式和所有社会设施中都贯彻

---

① 辜鸿铭. 辜鸿铭文集：上卷［M］. 黄兴涛，等译. 海口：海南出版社，1996：541.

这一目标，旨在教育人们获得这种道德责任感；所有的那些习俗、风尚和娱乐，都只是通过激励和规划使人们容易服从这种道德责任感"①。在辜鸿铭看来，不是权利，而是责任，才是保障人类社会秩序的道德基础。在这个意义上，辜氏认为儒家文明就是以道德责任感作为社会秩序的基础而构建起来的文明。他同时指出，以道德责任感为基础的儒家文明，并不是要限制每个人的快乐，而是限制自我放纵。

自民国至今日，儒学是不是宗教一直是学术界争论不休的问题。受西方文化中心的影响，人们自觉或不自觉地以西方宗教为标杆，作为评判儒学是不是宗教的标准。在这样的争论中，儒学的社会价值反而被忽略了。辜鸿铭儒教观的独特之处在于，他没有拘泥于宗教的外在特征，而是透过宗教现象深入分析宗教信仰的本质，从人文关怀（心理、人性、情感、道德）和社会价值的角度，比较儒学与西方宗教的异同，剖析儒教为何千百年来成为中国人安身立命的精神家园，其目的在于揭示儒家文明的历史与当代价值。

辜鸿铭虽然盛赞儒学的宗教功能，认为儒学是一种广义上的宗教，但他反对将儒学改造为宗教。针对康有为、陈焕章等民国孔教派的祭孔行为，他以一首白话诗调侃道："监生拜孔子，孔子吓一跳，孔会拜孔子，孔子要上吊。"② 言下之意，大张旗鼓地开展儒学宗教化运动与孔子思想是背道而驰的。撇开政治立场的因素，辜鸿铭反感孔教运动的原因在于，他反对在形式上尊崇孔子和儒学，强调应传承孔子思想的精神；并认为以一种非理性的宗教狂热态度试图使儒学变成类似于西方宗教的行为，与儒学内在的理性精神是相违背的。

---

① 辜鸿铭. 辜鸿铭文集：下卷［M］. 黄兴涛，等译. 海口：海南出版社，1996：511.
② 胡适. 记辜鸿铭［C］// 黄兴涛. 旷世怪杰——名人笔下的辜鸿铭　辜鸿铭笔下的名人. 上海：上海东方出版中心，1998：21.

第二节　论儒家道德文明与中国国民性

　　1915 年，辜鸿铭用英文发表了他一生最有影响的代表作——《中国人的精神》（*The Spirit of the Chinese People*），该书以独特的视角、赞赏的口吻，分析了传统中国人区别于欧美人及现代中国人的内在精神特质。在该书序言中，辜鸿铭开宗明义地指出："本书的内容，是试图阐明中国人的精神，并揭示中国文明的价值。"① 辜氏对传统中国国民性的分析，其最终目的是为了揭示儒家道德文明的价值。

　　辜鸿铭所指的"中国人的精神"之"精神"，是"中国人赖以生存之物，是本民族固有的心态、性情和情操。这种民族精神使之有别于其他任何民族，特别是有别于现代的欧美人"②。实质上，辜鸿铭所指的"中国人的精神"，其含义接近于"国民性"一词。"国民性"是英语 national character 或 national characteristic 的日译，是一个相对于个性（personality）而言的集合概念，指一个民族的大多数成员共有的文化心理特质和由此形成的民族性格。③ 可见，国民性主要指一民族区别于他族的内在的精神特质，与辜氏所说的"精神"基本吻合。国民性是历史地形成的，它具有强大的延续性和稳定性。国民性不仅是传统文化的重要内容，也是后者的重要体现。辜氏"中国人的精神"之"中国人"，是指经过儒家文明熏陶的传统中国人，他将这种中国人称为"真正的中国人"，以区别于现代中国人。在他看来，"真正的中国人"在

① 辜鸿铭. 辜鸿铭文集：下卷［M］. 黄兴涛，等译. 海口：海南出版社，1996：5.
② 辜鸿铭. 辜鸿铭文集：下卷［M］. 黄兴涛，等译. 海口：海南出版社，1996：27.
③ 周积民. 晚清国民性问题检讨［J］. 天津社会科学，2004（02）：133 – 139.

世界各地正趋于消亡，取而代之的是一种新的类型的中国人。因此他认为，"我们应该仔细地看上最后一眼，看看究竟是何物使真正的中国人本质地区别于其他民族，并且区别于正在形成的新型中国人"①。由以上可知，辜鸿铭所谓"中国人的精神"是指经过儒家道德文明教化的传统中国之国民性。

一、西方之中国国民性观点批判

最早描述中国国民性特征的人并非中国人，而是来华的西方人。16至18世纪，西方人对中国人和中国文明倾慕有加，认为中国是一个建立在与西方各民族完全不同的原则基础上的历史悠久的文明的国度，并认为中国可能在许多方面都比西方文明更为优越。但是，19世纪以后，西方殖民主义打开了中国国门，中国社会的腐败与文化的弱点充分暴露出来。鸦片战争之后的西方人对中国人及其文明的评价由先前的赞赏变为贬低甚至是蔑视，② 总体上看，此期西方人对中国国民性的评价基调是偏低的，这自然与欧洲中心主义和种族歧视及文化偏见不无关系。

（一）阿瑟·史密斯中国国民观批判

1890年，来华的美国传教士阿瑟·史密斯（Arthur Smith）中文名叫明恩溥，出版了《中国人的特性》（*Chinese Characteristic*）一书。这是西方第一本系统研究中国国民性的著作。该书列举了中国人"好面子""不诚实""缺乏精确习惯""随遇而安""保守"等二十余条"特性"，尽管其中不乏对中国人的赞赏，但总体上给人以揭露中国国民劣根性的印象。这本书不仅成为西方人了解中国人的重要文本，而且也深

---

① 辜鸿铭. 辜鸿铭文集：下卷［M］. 黄兴涛，等译. 海口：海南出版社，1996：28.
② 俞祖华，赵慧峰. 近代来华西方人对中国国民性的评析［J］. 东岳论丛，2002（01）：111－114.

刻地影响了中国人对自己及其文明的态度。尽管该书"埋伏了西方霸权话语并渗透了西方传教士对中国人的种族歧视，但其对中国国民劣根性的描述正好为晚清文化精英提供了一个关于鸦片战争以来中国所以屡遭失败的解释，由此，在当时中国的知识界中产生了广泛的影响"①。如鲁迅先生对中国国民性的批判，就深受此书观点的影响。近代以来，批判国民劣根性亦成为中国知识分子批判传统文化的一个重要维度。

　　然而，辜鸿铭并不认可史密斯的中国观。由于文化立场的差异，辜鸿铭和史密斯对中国人所表现出来的同一性格表征给予了完全相反的评价。如关于中国人的礼貌或礼节，在辜鸿铭看来，中国人对他人礼貌的本质是因为他们过着一种心灵的、情感的生活，礼貌显示了中国人体谅、照顾他人的感情，他把中国人的礼貌与日本人相比较，认为日本人的礼貌是繁杂而令人不快的，它不是发自内心的、出于自然的礼貌。而真正的中国人的礼貌是发自内心的、令人愉快的。史密斯则认为，中国人的礼貌并非是内心善意的表达，而只是一种仪式，他甚至认为中国人对外国人表现出的礼节，经常是出于一种欲表现自己深谙得体举止之道的愿望，而不是想使对方感到舒服。② 又如关于中国人缺乏精确习惯的性格特征，这正是由阿瑟·史密斯提出，并得以扬名的一个观点。辜鸿铭着重批驳了史密斯的这个观点。辜氏认为，中国人缺少精确性的原因也是因为中国人过着一种心灵的生活，"心灵是纤细而敏感的，它不像头脑或智力那样僵硬、刻板，你不能指望心也像头脑或智力一样，去思考那些死板的、精确的东西"③。在辜鸿铭看来，阿瑟·史密斯作为一

---

① 周积民．晚清国民性问题检讨［J］．天津社会科学，2004（02）：133－139.
② （美）明恩搏．中国人的气质［M］．刘文飞，刘晓旸，译．上海：上海三联书店，2007：17－19.
③ 辜鸿铭．辜鸿铭文集：下卷［M］．黄兴涛，等译．海口：海南出版社，1996：33.

个美国人，他具有博大、纯朴的特点，但史密斯不够深沉，这使他无法懂得"真正的中国人"和中国文明的价值，因此，他对中国人性格特征的描述是肤浅的，并没有触及中国人性格的精神特质。

辜鸿铭尤其批判了阿瑟·史密斯观点在西方世界给中国所造成的负面影响。辜鸿铭认为，西方这些所谓的中国研究权威对中国文明及中国人的歪曲描述，迎合了西方人的种族优越感，因为，"有什么样的作家，就有什么样的读者"。他将来华的带有种族歧视观点的西方人戏谑为"约翰·史密斯"，他说："在中国，那约翰·史密斯极想成为一种凌驾于中国人之上的优越者，而阿瑟·史密斯牧师则为此写了一本书，最终证明他、约翰·史密斯确实比中国人优越得多。……他那本《中国人的特性》一书，也就成了约翰·史密斯的一部圣经。"① 事实上，《中国人的特性》这本书确实对世界认识中国人产生了极大的负面影响。美国著名汉学家费正清曾指出："美国人心目中对中国的印象的幻灭，是由一本读者甚多的著作来加以完成的，即明恩溥牧师所著《中国人的素质》"，"一直到了1920年，它都还是住在中国的西方人最常阅读的五本关于中国的书之一。即使到现在，这本书还在持续影响美国人对中国人的了解"②。正是为了反驳阿瑟·史密斯关于中国国民性特征的观点，辜鸿铭撰写了《中国人的精神》，力图驳斥史密斯的中国观，向西方世界阐明中国人内在的精神特质，并由此揭示中国文明的价值。

辜鸿铭对近代西方人关于中国文明及中国国民性格特征的观点的批判，从反对种族歧视和文化偏见的立场而言，无疑是具有历史合理性和

---

① 辜鸿铭. 辜鸿铭文集：下卷［M］. 黄兴涛，等译. 海口：海南出版社，1996：100.
② 刘晓南. 国家形象塑造与国际汉语文化传播——对《中国人的气质》一书的再度审视［J］. 中文自学指导，2008（06）：25-31.

道德正当性的。自 18 世纪以来，西方的"贬华派"对中国国民劣根性的批判存在明显的绝对化倾向，他们过分渲染、夸大中国国民身上的弱点，尤其是在进行中西国民性的比较时，丑化前者而美化后者。这虽然在客观上有助于中国人反省自身的弱点，但同时也在中国国民心里沉淀出另一种劣根性：自卑，并进而形成民族虚无主义的价值取向。① 辜鸿铭所担忧的正是这一点。晚年的辜鸿铭极力推崇儒家文明，批评国人贬低自己文明、夸大西方文明的错误倾向。他曾说："通过对东西方文明的比较研究，我很自然地得出了一个重大的结论，那就是，这养育滋润我们的东方文明，即便不优越于西方文明，至少也不比他们低劣。我敢说这个结论的得出，其意义是非常重大的，因为现代中国人，尤其是年轻人，有着贬低中国文明，而言过其实地夸大西方文明的倾向。"② 然而，由于对中国文明的偏爱，辜鸿铭对中国文明及中国国民性缺乏应有的反思和批判，这使他在反对一种偏颇观点的同时，走向了另一个极端。以下他关于中国人性格和中国文明特征的观点，非常明显地体现出这一点。

（二）论中国人的性格特征

辜鸿铭认为，西方人要懂得真正的中国人和中国文明，他必须是深沉的、博大的和纯朴的。因为，中国人的性格和中国文明的特征就是深沉、博大和纯朴（deep，broad and simple）。

辜氏通过对现代欧美人性格缺陷的剖析，突出了中国人和中国文明近乎完美的性格特征。在他看来，那些研究中国文明的所谓西方权威之所以不懂得真正的中国人和中国文明，是因为他们均不具备深沉、博大

---

① 陈丛兰. 十八世纪西方中国国民性思想研究 [D]. 北京：中国人民大学，2009：178.

② 辜鸿铭. 辜鸿铭文集：下卷 [M]. 黄兴涛，等译. 海口：海南出版社，1996：312.

和纯朴的性格特征。如美国人阿瑟·史密斯，虽然具有美利坚民族博大、纯朴的性格特点，但他不够深沉，因此只能看到中国人性格的表面特征，而无法理解其内在的精神特质；汉学家翟理斯博士是英国人，英国人深沉、纯朴，但不够博大，缺乏哲学家的洞察力及其所能赋予的博大胸怀；德国人也不能理解真正的中国人和中国文明，因为德国人一般来说深沉、博大，却不纯朴，他们没有纯洁的心灵，虽然有智慧，但却是一种歪曲事实的智慧，如孟子所言"所恶于智者为其凿也"。在辜鸿铭看来，只有法国人似乎最能理解真正的中国人和中国文明，法国人虽然没有德国人天然的深沉，也不如美国人心胸博大和英国人心地纯朴，但法国人拥有一种其他欧美民族所缺乏的非凡的精神特质灵敏（delicacy）。而灵敏也正是中国人和中国文明的特征之一。由以上分析辜鸿铭得出如下结论：美国人如果研究中国文明，将变得深沉起来；英国人将变得博大起来；德国人将变得纯朴起来。而美、德、英三国人通过研究中国文明，都将由此获得一种精神特质，即灵敏。法国人如果研究中国文明，他们将由此获得深沉、博大、纯朴和更完美的灵敏。[1]

总之，在辜鸿铭看来，中国人性格的内在精神特质是近乎完美的，这是中国文明培育的结果。西方人如果研究中国文明，都将从中大获裨益，可以弥补各自民族性格的精神缺陷。这无疑是一种近乎偏执的文化自大心理。

二、论"中国人的精神"

与外显的性格特征相比，一个民族内在的精神气质体现着更深层次的文化心理结构，更能反映一种文明的真正价值。辜鸿铭从分析中国人

---

[1]　辜鸿铭.辜鸿铭文集：下卷［M］.黄兴涛，等译.海口：海南出版社，1996：6-8.

给人的总体印象——"温良"开始，层层剖析了这一性格特征形成的原因，指出"中国人的精神"是同情与智能相结合的产物，是心灵与理智相和谐的结果。

（一）同情与智能的结合

辜鸿铭认为，"温良"是典型的旧式中国人给人感触最深的总体印象。所谓温良，是指没有丝毫的野蛮、粗野或残暴。他以被驯化的动物比喻真正的中国人身上的这种特质，并认为"一位最下层的中国人与一个同阶层的欧洲人相比，他身上的动物性（即德国人所说的蛮性）也要少得多"①。但中国人的温良，常常被西方人视为懦弱，如孟德斯鸠就认为，怯懦顺从是中国人的性格特征，并列举了中国人怯懦顺从的具体表现：其一，面对外来民族的侵略表现出怯懦顺从；其二，面对政治压迫的软弱驯服；其三，对家庭的绝对服从。在孟德斯鸠看来，怯懦顺从的本质就是奴性。② 辜鸿铭否定了这种观点，他认为中国人表现出来的温良性格，绝不意味着懦弱或是软弱的服从，不是精神颓废的被阉割的驯服。他把旧式中国人温和平静、庄重老成的温良神态，比喻为"一块冶炼适度的金属制品"。他说："尽管真正的中国人在物质和精神上有这样那样的不足，但其不足都受到了温良之性的消弭和补救。真正的中国人或不免于粗鲁，但不至于粗俗下流；或不免于难看，但不至于丑陋骇人；或不免于粗率鄙陋，但不至于放肆狂妄；或不免于迟钝，但不至于愚蠢可笑；或不免于圆滑乖巧，但不至于邪恶害人。实际上，我想说的是，就其身心品行的缺点和瑕疵而言，真正的中国人没有使你感到厌恶的东西。在中国旧式学校里，你很难找到一个完全令你讨厌的

---

① 辜鸿铭. 辜鸿铭文集：下卷 [M]. 黄兴涛，等译. 海口：海南出版社，1996：28.
② 陈丛兰. 孟德斯鸠中国国民性思想探析 [J]. 道德与文明，2009（05）：52–56.

人，即使在社会最下层亦然。"① 其原因在于，中国人身上的"温良"，是同情心与智能相结合的产物。

辜鸿铭认为，正是同情与智能的结合，造就了中国式的人的类型，从而形成了传统中国人温良的民族性格特征。辜鸿铭将智能分为"本能的智能""推理的智能"和"同情的智能"。所谓"本能的智能"，是一切动物都具备的本能；"推理的智能"是人类高于动物的思考和推理能力；"同情的智能"，既不是源于推理，也非来自本能，而是起于人类的同情之心和依恋之情。② 智能为同情心所驾驭，即"同情的智能"。接着，辜鸿铭分析了中国人之所以具有同情心的秘密，那是因为中国人过着一种"情感的生活"。他所说的情感，既不是来源于直觉意义上的喜怒哀乐之情，亦非男欢女爱之情，而是一种人与人之间相互关爱的情感，他称之为"人类之爱"③。辜鸿铭认为，正是因为中国人过着一种道德情感的生活，中国人能体谅照顾他人的情感，使他们能将心比心、推己及人，体谅、照顾他人。

在辜鸿铭看来，中国人之所以不太在意生活环境的卫生与优美，其原因正在于中国人太过注重心灵和情感生活，以至于他们忽视了人所应该的、甚至是一些必不可少的外在物质环境的需要。以上观点使辜鸿铭遭到陈独秀的讥讽，陈氏嘲讽道："辜氏谓中国人不洁之癖，为中国人重精神而不注意于物质之一佐证。夫注意物质则洁，注重精神则不洁；独重精神者可与不洁为缘，重物质者则否。是以中国人以重精神故，致有不洁之癖，致有种种恶臭之生活；岂非精神之为物，使我中国人不洁

---

① 辜鸿铭. 辜鸿铭文集：下卷 [M]. 黄兴涛，等译. 海口：海南出版社，1996：28 – 29.
② 辜鸿铭. 辜鸿铭文集：下卷 [M]. 黄兴涛，等译. 海口：海南出版社，1996：29.
③ 辜鸿铭. 辜鸿铭文集：下卷 [M]. 黄兴涛，等译. 海口：海南出版社，1996：30.

至此哉？余是以有精神为何等不洁之物之叹也。"① 实际上，这是对辜鸿铭观点的误解。辜鸿铭的原意并不是以中国人之不洁之癖来佐证旧式中国人重精神生活而不重物质生活，他是试图以中国人注重道德情感生活这一精神特质来解释何以中国人不在意外在的物质环境。与不讲卫生这一生活习性相比，内在的道德情感当然更能反映一个人的本质。辜鸿铭正是在这个意义上批判西方人只注意中国人一些外在的生活习性，并以此评估中国国民性。在他看来，这是一种只见其表不见其里的肤浅认识。就此而言，辜鸿铭的思想显然比阿瑟·史密斯等西方的中国研究权威专家要更为深刻。

辜鸿铭在肯定、赞赏旧式中国人注重道德情感生活的同时，也指出了这一精神特质所导致的消极影响，那就是中国人的智力发展因此而一定程度上受到了人为的限制。这不仅表现在自然科学方面，也体现在纯粹抽象科学，如数学、逻辑学和哲学等方面。辜鸿铭指出："每一件无需心灵与情感参与的事，诸如统计表一类的工作，都会引起中国人的反感。"如果说统计图表和抽象科学只是引起了中国人的反感，那么欧洲人现在所从事的所谓科学研究、那种为了证明一种科学理论而不惜去摧残、肢解生物的所谓科学，则使中国人感到恐怖，并遭到了他们的抵制。"② 显然，辜鸿铭虽然承认中国人注重道德生活的特质使其智力发展不如欧美民族，但他并不认为这是中国文明和中国人低人一等的证明。恰恰相反，在他看来，没有道德情感约束的科学发展给人类带来的并不是福音，而是灾难。因此，与智力发展相比，他更看重道德情感的培育。辜氏认为，要想正确地使用"文明的利器"，即科学研究的成

---

① 陈独秀．讥议辜鸿铭三则［C］// 黄兴涛．旷世怪杰——名人笔下的辜鸿铭　辜鸿铭笔下的名人．上海：东方出版中心，1998：17.

② 辜鸿铭．辜鸿铭文集：下卷［M］．黄兴涛，等译．海口：海南出版社，1996：34.

果，就必须有一个高尚的道德标准。在他看来，中国文明是一个有着高尚道德标准的文明。他所说的中国人过着心灵的或情感的生活，实质上就是指中国人注重道德生活，是一个有道德感的民族。

（二）理性与情感的和谐

辜鸿铭认为，如果说"同情的智能"一定程度上限制了中国人的智力发展，使古老的中华民族仍然是一个带有幼稚之相的民族。那么，理性与情感的和谐，则使中国人成功地解决了社会生活和文明中许多复杂而困难的问题，体现了中国人"最美妙的特质"，因而也凸显了中国文明的价值。

在辜鸿铭看来，中国文明与欧洲现代文明的根本区别之一，体现在理性与情感之关系的处理之中。他认为，启蒙运动以来欧洲现代文明一直存在着"心灵与头脑"的冲突，这种冲突一方面体现为科学与艺术的对垒；另一方面则是哲学与宗教的对立，"宗教拯救人的心却忽略了人的脑，哲学满足了人头脑的需要但又忽视了人心灵的渴望"①。辜鸿铭所谓"心灵与头脑"的冲突，实质上就是理性与情感的冲突。宗教和艺术源于人类心灵与情感生活的需要，哲学与科学则是人的理性精神的结果。启蒙运动对于理性尤其是工具理性的高扬，极大地推动了近代科学与哲学的发展。然而，受理性至上思想的影响，人的情感与心灵被遮蔽。浪漫主义思想家罗斯金曾指出："现代制度的致命错误，在于剥夺了本民族中最精华的元气和力量，剥夺了勇敢、不计回报、蔑视痛苦和忠实的一切灵魂之物；只是将其冶炼成钢，锻铸成一把无声无意志的利剑。"② 因此，19 世纪的浪漫主义思想家试图通过唤醒人们对内在感

① 辜鸿铭. 辜鸿铭文集：下卷 ［M］. 黄兴涛，等译. 海口：海南出版社，1996：36.
② 辜鸿铭. 辜鸿铭文集：上卷 ［M］. 黄兴涛，等译. 海口：海南出版社，1996：94.

情、精神、自然灵性的体悟，来重整失落的人类精神家园。阿诺德认为，现代欧洲精神"既不是知觉和理性，也不是心灵与想象，它是一种富于想象的理性（imaginative reason）"①。阿诺德的思想体现了浪漫主义思想家对启蒙理性的批判与反思。辜鸿铭认为，中国文明很好地解决了人类理性与情感的关系，"中国人的精神"实质上就是马太·阿诺德所说的"富于想象的理性"，这种精神是"一种心灵状态""一种灵魂趋向""一种恬静如沐天恩的心境"。总之，中国人的精神是一种理性与情感的绝妙结合。

辜鸿铭认为，中国人理性与情感相和谐的秘密，存在于孔子创立的儒家文明之中。他指出，中国人在春秋战国时期也曾出现过心灵与头脑的冲突。这种冲突曾使中国人对自己的文明感到厌弃，比如老子和庄子，他们告诉中国人应抛弃一切文明，过一种纯粹的心灵的生活。然而，孔子告诉中国人不要抛弃自己的文明，"在一个有着真实基础的社会与文明中，人们同样能过上真正的生活、过着心灵的生活"②。辜鸿铭认为，正是孔子创立的儒教解决了中国人心灵与头脑冲突的难题。如前文所述，辜鸿铭认为，儒教与宗教一样，建立在人的心灵与情感的基础之上，它遵循的是人的"真性"，而不是人的"理性"。与此同时，儒教又避免了宗教的非理性狂热。综上，辜鸿铭认为，"真正的中国人有着成年人的智能和纯真的赤子之心，中国人的精神是心灵与理智完美结合的产物"③。

综上可知，在辜鸿铭看来，儒家文明是一种以同情驾驭智慧、以情感调和理性的文明，这种文明熏陶出性格"温良"的中国人的类型。

---

① 辜鸿铭.辜鸿铭文集：下卷［M］.黄兴涛，等译.海口：海南出版社，1996：67.
② 辜鸿铭.辜鸿铭文集：下卷［M］.黄兴涛，等译.海口：海南出版社，1996：41.
③ 辜鸿铭.辜鸿铭文集：下卷［M］.黄兴涛，等译.海口：海南出版社，1996：66.

辜鸿铭对传统中国人性格特征与民族精神的分析，不能不说是独具慧眼的。他笔下的"真正的中国人"完全符合孔子塑造的理想道德人格——君子的形象，虽然不免有美化之嫌，但也的确道出了传统儒门君子的精神特征。辜鸿铭虽然极力美化"中国人的精神"，以揭示中国文明的价值。但这并不意味着他对中国国民劣根性毫无觉察和批判。通览辜鸿铭文集可以发现，他在英文著作中以批判西方人与西方文明、赞赏中国人与中国文明为主调，但在中文著作中则以针砭时弊、揭露中国人的阴暗面为主。尤其在《张文襄幕府纪闻》一书中，其笔墨也或多或少论及国民性之阴暗的一面，如自大保守、缺乏公德心等。

小结

本章论述了辜鸿铭的儒教观及他关于中国国民性的观点：

第一，关于儒学的宗教道德教化功能。为回应近代西方学者关于儒学非哲学亦非宗教的观点，辜鸿铭提出儒学既是哲学也是宗教的观点予以反驳。他认为儒学中的"皇权信仰"与"祖先崇拜"为中国人带来安全感与永恒感是儒学被信仰的心理学原因，儒学建立在遵循"人之真性"的人性关怀基础上是儒学被信仰的人性原因，学校与家庭对亲情之爱的教育与熏陶是儒学被信仰的情感原因，儒学对民众道德感的培育是其取代宗教教化功能的道德原因，能以道德教化维持社会良序是儒学被统治者推崇的社会原因。在此基础上，辜鸿铭将儒教定性为"良民宗教"，论述了"良民宗教"的三大要点：以道德维持社会秩序、孝悌为道德生活之本、尽义务而不争权利。并将"良民宗教"视为解决欧洲文明困境的良方。

第二，关于儒家文明与中国国民性。辜鸿铭力图通过阐明中国人的精神，来揭示儒家文明的价值。辜氏认为，中国人的性格与中国文明的特征是深沉、博大、纯朴；中国人内在的精神特质表现为"富于想象的理性"，即理性和情感的结合。"温良"是旧式中国人给人感触最深的总体印象。辜鸿铭在赞美传统中国人的精神特质的同时，对中国国民的劣根性也有所批判。

辜鸿铭对儒教社会道德教化功能的阐释以及他对传统中国人内在精神特质的剖析，目的都在于揭示儒家道德文明的价值，说明儒家文明不仅不比西方文明低劣，而且可以弥补西方现代文明之弊病。

第五章

辜鸿铭的保守主义政治伦理观

辜鸿铭深受 19 世纪英国保守主义政治思潮的影响，其政治观体现出浓厚的保守主义特点。保守主义与自由主义虽然有着共同的哲学基础，但在政治伦理层面，保守主义体现出与自由主义不一样的价值取向：保守主义珍视历史传统，尊重权威；自由主义则看重自主、公正和平等，拒绝一切先验道德对主体需要的优先性；对自由主义来说，正当优先于善，对保守主义而言，则是善优先于正当。传统、权威、秩序、美德等，成为保守主义政治伦理观的价值偏好。透过辜鸿铭对民主政治、君主政治和贵族政治的论述，我们可以清晰地看出其政治伦理思想的保守主义价值取向。

第一节　论近代西方的民主政治

法国社会心理学家勒庞先生在 19 世纪末出版的《乌合之众：大众心理研究》一书中预言道："我们就要进入的时代，千真万确将是一个群体的时代。"勒庞所谓"群体的时代"是指在过去几乎不起任何作用的群众意见，如今开始影响政治。他断定，未来社会不管如何组织，统治者都必须考虑民众的力量。① 20世纪是一个群众参政意识普遍觉醒的世纪，也是一个民主口号盛行的世纪。然而，两次世界大战表明，20世纪同样也是人类有史以来最血腥的世纪。因此，反思和批判民主政治的弊端，成为世纪之交西方的一股重要思潮。精通英语又有西学背景的辜鸿铭亦站在这股潮流中，从保守主义的立场对西方民主政治展开了批判。

一、论民主

（一）西方民主观批判

自近代以来，在人类的政治生活中，民主已然终结了历史，成为整个人类世界的政治图腾。然而，辜鸿铭却对西方人的民主观不以为然，站在批判的立场上，辜氏分析了时人对民主的错误理解。

第一，"民主仅意味着没有王权"。

辜鸿铭指出："对于欧美的许多国家——我不无遗憾地说，包括从这些国家输入了'新学'之后的中国，——民主仅意味着没有王权。"② 辜鸿铭对西方民主观的批判，源于他对第一次世界大战的反思。在他看来，"一战"时的欧洲恰如中国历史上的春秋战国时期，是一个混乱而又经常发生战争的时期，同时也是一个旧的统治体系全面崩溃、新的社会秩序正在形成的时期。这种新的社会秩序，在辜氏看来就是"民主的社会秩序"。然而，当时的人们"并没有理解这种关于良好基础之上建立此种新式社会的思想。随着对严格的封建习惯的依附与敬畏、即对王权统治敬畏的结束，封建主义基本的和必要的国体之基础、

---

① （法）古斯塔夫·勒庞. 乌合之众：大众心理研究［M］. 冯克利，译. 北京：中央编译出版社，2000：40.

② 辜鸿铭. 辜鸿铭文集：上卷［M］. 黄兴涛，等译. 海口：海南出版社，1996：502.

即对当权者的敬畏业已烟消云散"①。辜鸿铭认为，"一战"时的欧洲与2500年前的中国一样，封建社会体系业已分崩离析，新的民主社会秩序正在兴起。然而，对于欧美许多国家以及受其影响的中国而言，"民主仅意味着没有王权"。他引用法国作家阿尔方·卡尔（Alphonsc Karr）的话描述道："在学校里学生应当教老师，在军队里，士兵应握有高于将军的指挥权；在大街上，马应驾御马车夫。"② 由以上可以看出，辜鸿铭所批判的"民主"实质上是一般所指的"大众民主"（popular democracy）。亚里士多德在论述古代希腊雅典的城邦民主政治的类型时曾指出，民主政治有一种类型是群众代替法律行使权力，法律一旦失去权威，"平民领袖就应运而生"，"平民大众合成一个单一的人格，变成了高高在上的君王"，这种类型的民主政治由于挣脱了法律的约束，平民领袖俨然以君主自居，寻求君主式的统治权力，这样，极权专制便滋生了。③ 自亚里士多德之后，伯克、孟德斯鸠、约翰·穆勒和托克维尔等西方思想家均对这种民主观进行了批判。法国思想家勒庞认为，"大众民主的目的根本谈不上支配统治者。它完全为平等的精神所左右……对自由没有表现出丝毫的尊重。独裁制度是大众民主惟一能够理解的统治"④。"大众民主"不尊重自由、蔑视权威，貌似人人平等，实质上最终导致的是不平等和特权，是多数人的专制、多数人的暴政。对于法国大革命时期"大众民主"所导致的悲剧，辜鸿铭有较多的了解，他曾引用歌德的诗批判法国大革命所导致的多数人的暴政："法兰

---

① 辜鸿铭. 辜鸿铭文集：上卷［M］. 黄兴涛，等译. 海口：海南出版社，1996：501.
② 辜鸿铭. 辜鸿铭文集：上卷［M］. 黄兴涛，等译. 海口：海南出版社，1996：504.
③ （古希腊）亚里士多德. 政治学［M］. 颜一，秦典华，译. 北京：中国人民大学出版社，2003：126.
④ （法）古斯塔夫·勒庞. 乌合之众：大众心理研究［M］. 冯克利，译. 北京：中央编译出版社，2000：29.

西的不幸是骇人的，在上者真该好好反省自己；可事实上，在下者应该对此做出更多的思考。假如在上者被毁；那么谁来保护彼此争斗的在下者？在下者已成为在下者的暴君。"① 正是对法国大革命时期"大众民主"所造成的暴政的反思，使辜鸿铭对现代民主政治始终保持警惕。

在批判"大众民主"观的基础上，辜鸿铭阐述了他对民主内涵的理解，他认为，从消极的意义上讲，民主的真正内涵是没有特权；从积极的意义而言，民主的真正内涵是一切平等，没有出身、地位、种族之别。他认为，这才是民主真正的本质而不是别的。很显然，辜鸿铭是在平等的含义上理解民主的内涵的。

第二，"非理性民主"观批判。

辜鸿铭不仅从平等的意义上将民主划分为"消极民主"和"积极民主"，而且从是否尊重权威以及是否正确处理权利与义务的关系两个角度将民主区分为"理性民主"和"非理性民主"。

辜鸿铭认为"理性民主"有两个重要特征。其一，尊重权威。他曾指出："合理的民主政治的基础，既不是人民政治也不是为民政治，更不是依靠百姓而成立的政府，而是自然产生的对权威的尊崇。"② 强调对权威的尊崇是辜鸿铭民主观的一个显著特点，而对权威的强调，恰恰是保守主义思想的一个重要特征。保守主义所强调的权威"不是凭强力支持的政治权威，而是由家庭、社群、教会、公司、行会等民间社会通过自身的自治所形成的权威，即属于民间自治的权威"③。因此，保守主义所指的权威与权力不同，它不是以强力为基础的，而是以人们的内在承认为基础的。因此，真正的保守主义者并不是威权主义者。辜

---

① 辜鸿铭. 辜鸿铭文集：上卷 [M]. 黄兴涛，等译. 海口：海南出版社，1996：506.
② 辜鸿铭. 辜鸿铭文集：下卷 [M]. 黄兴涛，等译. 海口：海南出版社，1996：315.
③ 刘军宁. 保守主义 [M]. 北京：中国社会科学出版社，1998：149.

鸿铭认为合理的民主政治的基础既不是"人民政治"也不是"为民政治"，而是依靠民众对权威的自然尊崇而成立的政府，其观点鲜明地体现出保守主义权威观的特征。

其二，义务意识重于权利意识。辜鸿铭认为，真正的民主主义者首先考虑的不是自己的权利，而是应尽的义务。假的民主主义者则坚持自己的权利，而不尽自己的义务。他认为这就是"理性民主"与"非理性民主"的根本区别。辜鸿铭认为，"现代中国人"（指民国以来的中国人）与现代欧美人的民主是一种"非理性民主"，因为他们考虑权利先于考虑义务。义务与责任是紧密相连的，"责任在当代道德理解中已经成为一个关键术语"①。辜鸿铭认为，在人类社会所有关系中，最重要的就是责任。强调责任与义务，是辜鸿铭政治伦理思想突出的价值取向。启蒙运动以来的西方社会，人们的权利意识逐渐觉醒。近现代西方自由主义者强调个人及其权利对于社会的优先性。"权利优先论"的理论前提是个人主义，这种观点遭到了当代社群主义者的批评，他们将这种个人主义称为"原子主义"。原子主义的出发点是把人本身当作完全自足的自我，他在社会之外，独立于社会。著名社群主义思想家泰勒从两个方面批判了"权利优先论"。首先，他认为离开社会的人是不能自足的，在社会之外不可能存在真正的个人。其次，不存在无条件的权利，权利总是伴随着一定的责任和义务。只有承认个人的责任与义务才能证实个人的权利与自由。② 辜鸿铭虽然没有在理论上深入探讨权利与责任的关系问题，但他思想的触角实质上已经触及社群主义的理论。他批判西方民主政治为"非理性民主"，其中一个重要原因就是民主主义

①　陆晓禾. 国际企业、经济学和伦理学研究面临的五大挑战［J］. 哲学动态，2005（04）：63－67.

②　俞可平. 社群主义［M］. 北京：中国社会科学出版社，2005：36－39.

者只坚持自己的权利，而不考虑应承担的义务。事实上，辜鸿铭并非否定个人权利的重要性，但对于社会秩序而言，他认为责任更重要。因为，在辜鸿铭看来，不是权利而是责任，才是保障人类社会秩序的道德基础。

第三，民主是手段而不是目的。

美国总统威尔逊曾说："我们人类为了达到实现民主政治的目的，首先必须实现世界的和平。"针对威尔逊总统的言论，辜鸿铭指出："与其说为了民主去争取和平，还不如说为了世界和平，必须保障民主。"① 近代以来，在许多学者和政治家眼中，民主俨然已成为一种政治图腾，一种最值得追求的政治目的。美国当代学者科恩在《论民主》一书的序言中也曾指出："民主已成为整个世界上头等重要的政治目标。"② 然而，辜鸿铭提醒人们，民主是实现世界和平的手段，而不是目的。换言之，在辜鸿铭看来，民主只是实现良好政治的一种手段，而不是目的。因此，他并不把民主政体当作救世的唯一良方，他也不认为君主制和贵族制就比民主制落后。不论是民主制、君主制还是贵族制，它们都是实现良好政治的手段。在辜鸿铭看来，良好的秩序与持久的和平是衡量政治是否良好的两个重要标准。因此，他认为古罗马、英国与传统中国是世界所有国家中在政治统治方面最成功的三个国家。他说："我所谓的统治，当然不是指什么制定宪法、召开国会、谈论政治、大声争吵之类，而指的是使整个国家处于和平与秩序之中。"③ 可见，在辜鸿铭看来，是否建立了民主政体并不重要，重要的是在这一政治体制下能否实现和平与秩序。政体的选择只有切合实际，才能带来和平与秩

---

① 辜鸿铭. 辜鸿铭文集：下卷［M］. 黄兴涛，等译. 海口：海南出版社，1996：316.
② 科恩. 论民主［M］. 聂崇信，朱秀贤，译. 北京：商务印书馆，1988：1.
③ 辜鸿铭. 辜鸿铭文集：上卷［M］. 黄兴涛，等译. 海口：海南出版社，1996：542.

序，单纯追求理论上最优越的政体，结果可能适得其反。如亚里士多德所言："一名好的立法者或真正的政治家就不应该一心盼求单纯意义上最优越的政体，他还需考虑到切合城邦实际的最优良的政体。"①

（二）论"群氓"与"群氓崇拜"

科恩曾指出："对民主的批评者，从柏拉图到李普曼，都否定人民在重大问题上具有明智判断的能力。"② 辜鸿铭对"群氓"与"群氓崇拜"的批判，也体现出这一点。

1. 论"群氓"与民主政治

辜鸿铭的群氓观深受浪漫主义思想家马太·阿诺德的影响。阿诺德将英国国民划分为三大阶层：蛮族、庸俗者和民众。受其影响，辜鸿铭在《中国牛津运动》一书中也将中国人划分为三大阶层：满族、文人学士、民众。其中，"民众"即辜鸿铭所谓的"群氓"。

辜鸿铭认为，在智识上，"群氓"不知道什么是真正的人类文明，他们也不可能辨识并选举出能够告诉他们什么是真正的文明的正确人选。在德性上，辜鸿铭更是否定"群氓"具有高尚的品德。他对"群氓"的总体评价是"有道德，但不高贵"，其原因在于"群氓"受欲望支配。他说："群氓之所以不高贵，是因为他们无法克服和抑制自身的欲望。一个人要想高贵，必须首先彻底战胜和抑制其自身的动物性——他的欲望。民众的确拥有实力，但这种实力来源于强烈的欲望，因而不是一种高尚的力量。"③ 由于受欲望的支配，"群氓"不仅自身缺乏高尚的品德，而且他们也不能辨识高尚的品德。如培根所言："荣誉是美

---

① 亚里士多德. 政治学 [M]. 颜一，秦典华，译. 北京：中国人民大学出版社，2003：116.
② 科恩. 论民主 [M]. 聂崇信，朱秀贤，译. 北京：商务印书馆，1988：215.
③ 辜鸿铭. 辜鸿铭文集：上卷 [M]. 黄兴涛，等译. 海口：海南出版社，1996：370–371.

德的反映。这就像一个玻璃杯或任何一个反光体一样。如果它来自庸众，则是错误的和毫无价值的，而且虚荣多于美的品性。因为庸众对于许多高尚的品格一无所知。最低的品德就能赢得他们的赞誉，中等的品德引起他们内心的震惊。至于最高尚的美德，他们既不明其奥妙，更无可望其项背。"① 由此，辜鸿铭从智力与道德两个层面否定了民众具有参政能力。从对"群氓"的智识与道德品行的分析中，辜鸿铭得出一个结论："群氓"一旦掌握政权，不仅会损害本国的道德生活，而且会危害世界文明。辜鸿铭以英国的张伯伦②和袁世凯为例说明了"群氓"掌权的危害。在他看来，袁世凯和张伯伦分别代表了本国的群氓，他认为这两个人虽然都是政治强人，但是，他们的力量都来源于自身强烈的欲望，因而是一种卑鄙残暴的力量。此外，这两个政治强人"都具有天生的智能，但却只是一种丧失了优雅和美妙成分的智能，即英国人称之为常识的东西"③。

辜鸿铭对"群氓"的否定性评价，是带有明显偏见的，其目的在于否定民众具有参政能力。在民主主义者看来，对民众参政能力的否定并不能作为否定民主政治合理性的理由。科恩指出："民主主义者不否认社会成员在智力上、能力上和道德上极不均衡，他们的训练与经验也大不相同。但这种不同并不意味着社会成员不能共同对共同有关的问题做出合理的决定。他们认为多种多样的经验、阅历与利益才有可能丰富

---

① 辜鸿铭. 辜鸿铭文集：上卷［M］. 黄兴涛，等译. 海口：海南出版社，1996：502 - 503.
② 张伯伦（Joseph Chamberlain，1836—1914）：英国帝国主义扩张政策的倡导者。1895年任英国的殖民大臣，推行扩张政策，力图加强控制各自治领的经济，宣扬保护关税，倡议实行帝国特惠制。任职期间，曾挑起与非洲布尔共和国的战争。（辜鸿铭·辜鸿铭文集：上卷［M］. 黄兴涛，等译. 海口：海南出版社，1996：77.）
③ 辜鸿铭. 辜鸿铭文集：上卷［M］. 黄兴涛，等译. 海口：海南出版社，1996：379 - 380.

决策过程，如果没有普遍参与，这是不可能的。"① 对于民众参政能力不足的补救的办法，正如杰斐逊所说，"不是把权力从他们手中取走，而是通过教育，让他们善于判断"②。辜鸿铭对民众参政能力的否定，体现了他政治思想的极大偏颇之处，与时代发展潮流相违背，是应予以批判和摒弃的思想。

2. 论"群氓崇拜"及其危害

"群氓崇拜"与民主政治是含义不同的两个概念，从辜鸿铭的论述可以看出，他认为"群氓崇拜"是民主政治的病态表现。所谓"群氓崇拜"，按辜鸿铭的解释，即"违道以干百姓之誉"。"违道以干百姓之誉"出自《尚书·大禹谟》，意即从政者所做的政治决策不应为获得或迎合民众的赞誉而违背道德良知和客观规律。辜鸿铭认为，欧洲各国的"群氓崇拜"已经代替了过去的"上帝崇拜"，各国的统治者、军人和外交官不再敬畏和崇拜上帝，而是去崇拜和畏惧群氓。因此，当国人为抛弃君主制度采纳了欧洲民主制而欢欣鼓舞时，辜鸿铭却说："这些上当的人们完全没有意识到，年轻中国所采纳的完全不是什么欧洲文明，只不过是上海的欧洲文明——歌德称之为盎格鲁－撒克逊传染病，一种欧洲文明正在生长的疾病而已。"③ 在辜鸿铭看来，"群氓崇拜"是导致第一次世界大战的根源。

辜鸿铭认为"一战"的罪责不在统治者而在民众，是民众驱使和推动着统治者走向战争。他阐述了其中的缘由：其一，"群氓崇拜"使得欧洲各国的统治者成为没有实权的"尊贵偶像"。他说："当今欧洲诸国的统治者只不过是些掌管大印、并给政府公文鉴字画押的被供奉起

---

① 科恩. 论民主［M］. 聂崇信，朱秀贤，译. 北京：商务印书馆，1988：215.
② 科恩. 论民主［M］. 聂崇信，朱秀贤，译. 北京：商务印书馆，1988：171.
③ 辜鸿铭. 辜鸿铭文集：上卷［M］. 黄兴涛，等译. 海口：海南出版社，1996：287.

来的尊贵偶像而已。这种被供奉的高贵偶像，就连国内的有关主事机构也不如，他没有任何个人的意见或意志。"① 因此，辜鸿铭认为不应将战争的责任推给没有实际权力的欧洲统治者。其二，欧洲的军人已变成了"纯粹的危险的机器人"，他们不知道为何而战，但却必须去战并送命。② 他们没有自由意志，因此军人也不应对这场战争负责。其三，根据《自由大宪章》，欧洲的外交官也只是"没有灵魂的木偶"，他们只能作为民众的传声筒，而没有任何个人意志可言。因此，外交官们也不应为战争负责。在辜鸿铭看来，"群氓"才是战争的幕后推手，其原因在于"群氓的恐惧"。因为，欧洲人从小便接受人性本恶的教育，他们内心埋藏着对他人的恐惧。辜鸿铭说："正是由于恐惧——群氓的恐惧，今日在欧洲各国民众中蔓延感染的那种恐惧，控制和麻痹了战争各国的统治者、军人和外交官们的头脑，使得他们无能为力，并最终导致了这场战争。"③ 在辜鸿铭看来，导致第一次世界大战发生的根源是形成集体恐惧心理的欧洲各国群氓。

辜鸿铭对"一战"时期欧洲各国民众心理的分析，符合勒庞所揭示的心理群体的特点。勒庞在《乌合之众：大众心理研究》一书中指出，因为一件重大事情的影响，成千上万孤立的个人也会获得一个心理群体的特征，心理群体一旦形成，它就会获得一些暂时的然而又十分明确的普遍特征。心理群体的普遍特征表现为：异质性被同质性所吞没，个人的聪明才智因此被削弱，平庸成为心理群体的品质特点；由于数量的庞大，群体中的个人敢于发泄自己的本能欲望，平时约束个人的责任感在心理群体中消失；群体心理具有传染性，群体中的个人易于接受心

---

① 辜鸿铭. 辜鸿铭文集：下卷 [M]. 黄兴涛，等译. 海口：海南出版社，1996：133.
② 辜鸿铭. 辜鸿铭文集：下卷 [M]. 黄兴涛，等译. 海口：海南出版社，1996：134.
③ 辜鸿铭. 辜鸿铭文集：下卷 [M]. 黄兴涛，等译. 海口：海南出版社，1996：136.

理暗示。民众的恐惧心理，不仅在民众之中相互传染，而且也控制了欧洲各国的统治者，最终导致战争发生。

辜鸿铭的冷静和深刻之处在于，他从第一次世界大战对人类生命的践踏惨剧中，看到了近代西方民主政治中的"群氓崇拜"及其巨大危害。他认为"民主"与"群氓崇拜"是两个不同的概念，"群氓崇拜"是民主政治的病态表现，辜鸿铭的思想触角实际上已触及对近代民主政治对理性的误解的批判。自启蒙运动以来，人类进入一个理性的时代，理性主义高扬人的主体性，以人为目的。如果说理性在科学领域的运用是逼迫自然回答人类理性的考问，那么理性在欧洲政治领域的运用则是民主政治，民主政治如辜鸿铭所言是从崇拜上帝转换为崇拜人民。然而"人民"是一个抽象的概念，现实中并不存在抽象的人民，历史事件中的人民往往就是勒庞意义上的心理群体。历史事件中的心理群体，如法国大革命、纳粹德国，无不表现出勒庞所说的群体心理的特征。因此，如果统治者对"人民的意志"没有批判精神，将心理群体的意志理解为"人民的意志"，盲目顺从民意，那么其统治带给人民的不是福祉而是混乱甚至是以无数无辜的生命为代价的历史悲剧。

如果说辜鸿铭从对战争的反省中看到了民主政治的病症"群氓崇拜"，体现出他深刻的洞察力和独到的思维与视角，那么，他将战争的罪责归咎于民众的观点则反映了他思想的偏执与极端。民众心理固然能在一定程度上影响统治者的决策，但民心有时也会被统治者所利用，成为他们发动战争的绝好借口。因为，即使在当今的民主国家，掌握国家政权的并不是抽象意义上的"人民"，而是统治者。因此，辜鸿铭认为不是统治者、军人和外交官而是普通民众应为战争负责的观点尽管是深刻的，然而却是一种片面的深刻。

二、论平等与自由

19世纪法国著名哲学家皮埃尔·勒鲁曾说："法国革命把政治归结为这三个神圣的词：自由、平等、博爱。"① 自由、平等、博爱至今已成为深入人心的政治价值。其中，自由与平等是密切相关的两大价值，没有平等的自由不是真正的自由，没有自由的平等也不是真正的平等。但是，有了自由不一定有平等，平等也可能以牺牲自由为代价，人类政治实践的历史已反复证明了这一点。那么，自由与平等究竟哪一种价值更应具有优先的地位？辜鸿铭关于自由与平等的观点或许会对我们有所启示。

（一）西方平等观批判

第一，平等不是"抹杀智愚之别"。

在辜鸿铭看来，现代美国存在着错误的"平等"概念，这种错误的平等观"使得'自由'一词的真义也无从得见"。他说："'自由'的真正意义是'你必须率性'，而现代美国的'平等'概念，意味着把人的头或脑抹平（抹杀智愚之别）。"② 辜鸿铭批判美国的平等观"将国中最好之人变成与最坏之人一样糟"，是"抹杀智愚差别的"错误的平等观。平等与自由对价值的追求是各有侧重的，平等追求的是共性，而自由则追求个性与差异。在自由与平等之间，辜鸿铭显然偏重于对"自由"的价值的维护。事实上，近代以来西方政治哲学的主题正是自由。辜鸿铭对美国平等观念的批判可能并不符合历史事实，但他的自由优先于平等的观点却与近代西方政治哲学的主流不谋而合。

---

① 皮埃尔·勒鲁. 论平等 [M]. 王允道，译. 肖厚德，校. 北京：商务印书馆，1988：11.

② 辜鸿铭. 辜鸿铭文集：上卷 [M]. 黄兴涛，等译. 海口：海南出版社，1996：151.

第二，平等不是"士兵应当指挥将军，马应当驾驭车夫"。

辜鸿铭在批判现代美国的平等观抹杀智愚差别的同时，也批判了法国大革命之后的平等观，他认为法国人的平等观是"士兵应当指挥将军，马应当驾驭车夫"的"目无君上"的平等观。显然，辜鸿铭主张一种建立在对权威的尊重基础之上的平等观。如前文所述，辜鸿铭所说的"权威"不是靠强力支持的政治权力，而是自然形成的权威。权威是植根于人类社会行为的一种普遍现象，它存在于一切社会组织之中。在保守主义者看来，"权威对于保护个人的自由和权利免遭他人的侵犯是必不可少的，没有这种权威，每个人的自由、权利、尊严和财产就很难得到他人的尊重。所以权威对于迫使人们相互尊重对方的权利是必要的"①。这个意义上说，尊崇权威对于实现平等，不仅不矛盾，反而是必要的。

第三，真正意义上的平等是反对特权。

辜鸿铭认为，真正意义上的平等是反对"特权"的平等。在他看来，美国独立战争与法国大革命时期所追求的平等，就是反对"特权"的平等。他说："美国人和欧洲的法国人如此固执于'平等'一词无疑是正确的。因为正是为了真正意义上的'平等'，反对'特权'的平等，美国人在独立战争期间，法国人在第一次大革命期间为之抛头颅，洒热血。"② 辜鸿铭所说的"特权"，既指一个社会内部的等级特权，也指国族间的种族特权。针对社会等级特权，辜鸿铭也将"平等"称为"门户开放"，他这里所指的"门户开放"，不是近代贸易和铁路方面的门户开放政策，"而是知识和道德上的门户开放"，即"检验一切事物，

---

① 刘军宁. 保守主义［M］. 北京：中国社会科学出版社，1998：154.
② 辜鸿铭. 辜鸿铭文集：下卷［M］. 黄兴涛，等译. 海口：海南出版社，1996：151.

择善固执”。① 这是反对社会特权意义上的对社会平等的追求。针对种族歧视或种族特权，辜鸿铭将“平等”称为“有教无类”，即孔子所说的“有教无类”，辜鸿铭将这句话翻译为“在真正有教养的人之中不存在种族之别”。面对西方列强的民族歧视，辜鸿铭特别强调种族之间的平等，他呼吁西方人“把中国人当人看待，应当将其视为同一人类中亲如一家的兄弟”②，他认为“自由、平等和最深刻意义上的‘扩展’——博爱，就是基督教的内涵或如中国人所说：一视同仁”③。由此可见，辜鸿铭反对“特权”的平等观打上了深深的时代烙印，鲜明地体现了反抗西方民族歧视的特点。

（二）论“自由”与“道”

“自由”（Liberty）是近代西方政治哲学的一个核心概念，不同时代与不同流派的哲学家赋予了“自由”一词不同的解释。近代自由主义思想的主要代表洛克，从意志自由的角度将自由定义为“有能力来照自己的意志做或不做某件事情、停止或不停止某件事情”④。功利主义哲学家密尔则从功利主义的原则出发为个人的自由权利做了界定，他认为，“惟一实称其名的自由乃是按照我们自己的道路去追求我们自己的好处的自由，只要我们不试图剥夺他人的这种自由，不试图阻碍他们取得这种自由的努力”⑤。康德认为，自由乃是一切有理性的存在者的属性，只有承认意志自由，道德才是有意义的，因此，康德所指的自由是道德自由。从辜鸿铭对自由的论述分析，其自由观类似于康德上的自由观。

---

① 辜鸿铭. 辜鸿铭文集：上卷［M］. 黄兴涛，等译. 海口：海南出版社，1996：283.
② 辜鸿铭. 辜鸿铭文集：上卷［M］. 黄兴涛，等译. 海口：海南出版社，1996：152.
③ 辜鸿铭. 辜鸿铭文集：上卷［M］. 黄兴涛，等译. 海口：海南出版社，1996：152.
④ 宋希仁. 西方伦理思想史［M］. 北京：中国人民大学出版社，2004：215-216.
⑤ 宋希仁. 西方伦理思想史［M］. 北京：中国人民大学出版社，2004：303.

辜鸿铭认为，中国哲学语言中的"道"即西方"自由"一词的含义。"道"是中国哲学话语系统里一个非常重要的概念，"道"的含义是多重的。道家所指的"道"偏重于形上意义的宇宙万物生成与运行的规律，儒家所说的"道"则侧重于人伦社会具有普遍意义的道德法则。辜鸿铭认为："'道'这个字在孔子的学说中指的是本性的法则。而本性的法则又是'天命'的体现。因此，中国人所谓的自由是一种自由的灵魂——是实现人生本质的法则。因此这种自由是道德的自由。"① 由以上可以看出，辜鸿铭认为儒家之"道"与西方之"自由"的含义是接近的，即"遵循本性的法则"或"按上帝的意志办事"。辜鸿铭所谓"本性的法则"或"上帝的意志"实质上就是指道德法则。在辜鸿铭翻译的《中庸》英译本中，"率性之谓道"之"道"被译为"the moral law"，即道德法则。在《孔教研究之二》一文中辜鸿铭曾说："真正的自由，正如法国人茹伯所说的，它指的不是政治上的自由而是道德上的自由；不是自由的人，而是自由的灵魂。在中国语言里对'自由'的原本叫法也是指道德的自由和灵魂的自由。"② 可见，在辜鸿铭眼里，西方哲学中"自由"一词的含义是指内心对道德法则的遵循，是一种道德自由。尽管辜鸿铭对"自由"的阐述零星而语焉不详，但从其字里行间可以看出，其对自由的理解是康德意义上的。因为，在辜鸿铭看来，道德法则是一种客观的、先验的存在，即康德所说的"绝对命令"，而"自由"则是人类理性对作为"绝对命令"的道德法则的认同与遵循。因此，只有获得了"道德自由"，人类才可能有真正的道德生活。

与康德一样，辜鸿铭是在近代理性主义的基础上定义自由的，他认

---

① 辜鸿铭. 辜鸿铭文集：上卷［M］. 黄兴涛，等译. 海口：海南出版社，1996：547.

② 辜鸿铭. 辜鸿铭文集：上卷［M］. 黄兴涛，等译. 海口：海南出版社，1996：547.

为道德自由离不开理性，离开了理性的自由不是真正的自由，而是随心所欲。他说："在新的文明之下，受教育者的自由并不意味着他们可以随心所欲，而是可以自由地做正确的事情。农奴或没有教养的人所以不做错事，是因为他害怕世间的皮鞭或警棍以及死后阴间的地狱炼火。而新的文明之中的自由者则是那种既不需皮鞭警棍也不需地狱炼火的人。他行为端正是因为他喜欢去为善；他不做错事，也不是出于卑鄙的动机或胆怯，而是因为他讨厌为恶。在生活品行的所有细则上，他循规蹈矩不是由于外在的权威，而是听从于内在的理性与良心的使唤。"① 这段话清楚地表明了辜鸿铭关于理性与自由之间的关系的观点。自由是基于理性的自由，理性的人对道德法则的遵循不是由于外在的权威，即他律，而完全是基于自律。因此，真正的自由是理性的道德上的自由。

第二节 为君主政治"合理性"辩护

相较于对民主政治的批判态度，辜氏更多地流露出对君主政治的赞成和欣赏。在近代中国，辜鸿铭饱受诟病的一个重要原因，亦在于他在政治上对君主政体公开而热烈的鼓吹。然而，正如 20 世纪 30 年代一位北大教授所言，辜鸿铭是"一个鼓吹君主主义的造反派"。与其说辜鸿铭是一个顽固的保皇派，毋宁说他是一个复杂的君主主义者。

一、君主政治与人的道德价值

辜鸿铭对君主政体的赞成建立在他对人的道德价值和尊严的肯定的

---

① 辜鸿铭. 辜鸿铭文集：上卷［M］. 黄兴涛，等译. 海口：海南出版社，1996：182.

基础之上。在批判近代欧美的无政府状态时，辜鸿铭指出："'无政府状态'一词在希腊语中的字面意思是'无王'。'无王'或无政府状态有三个发展阶段：第一阶段，是一个民族中缺少真正有能力的君主；第二阶段，是人们公然或隐然不相信君主政体的统治；第三阶段，也是最坏的阶段，是人们不仅不相信君主政体的统治，甚至连'君主政体'也不相信——事实上丧失了辨识'君主政体'、人本身的道德价值或尊严之所在的能力。"① 由此可见，在辜鸿铭看来，君主政体的存在是以人对自身道德价值和尊严的肯定与相信为基础的。换言之，辜鸿铭认为，现代西方社会的现状表明，人类正在丧失对自身道德价值的信仰，正在失去辨识人本身的道德价值与尊严的能力。反之，他认为，古代的君主政治体现了人自身的道德价值，反映出人们对辨识自身道德价值能力的自信。

由以上可以看出，辜鸿铭认为君主政治是与德性相关联的，人们对美德的崇尚，是君主政体得以存在的道德伦理基础。关于君主政体与德性的关系，亚里士多德也曾指出，"适于君主制的地方有着这样一种群众，从他们中可以自然而然产生出德性超群、适合作政治领袖的人物"②，意即君主制是以社会崇尚德性为前提的。纵观人类历史，政治上的君主制时代，在伦理道德上与之相伴的，的确是德性伦理。因此，德性与君主政体似乎形成了一种相依相存的关系。启蒙运动以来，以身份与等级为特征的君主政体遭受猛烈冲击，与之相随的是西方社会对德性传统的摒弃。麦金泰尔在《德性之后》一书中，向我们揭示了西方社会自启蒙运动以来摒弃德性传统、全面功利化的历史选择及这种选择

① 辜鸿铭.辜鸿铭文集：上卷［M］.黄兴涛，等译.海口：海南出版社，1996：13-14.
② 亚里士多德.政治学［M］.颜一，秦典华，译.北京：中国人民大学出版社，2003：113.

所带来的难以克服的道德困境。人们常常把摆脱身份、等级与出身等封建传统对个人的制约的现代自我的出现看成历史的进步。然而，麦金泰尔并不认为现代自我的出现意味着历史的进步，他认为人们在庆贺自己获得了挣脱封建等级身份制约的历史性胜利的同时，并不知道自己已经丧失了什么。在他看来，人类在获得新的自我的同时，丧失的是传统德性的根基。① 从这个意义上说，辜鸿铭对君主政治的推崇，其真实的意图与其说是为了维持君主政体，不如说是担忧伴随君主政体的衰落而失落的德性传统。

二、中国君主制是"理性民主政体"

辜鸿铭对君主政治的推崇突出地表现为他对中国传统君主制度的认同。在他看来，中国旧式政体虽然在形式上是君主制，但实质上是一种"理性民主政体"。以我们惯常的思维分析，这是对中国君主政治的非理性的美化，是有悖于历史常识的。实质上，辜鸿铭所阐述的君主政治并非是真实的中国君主政治，他通过对中国君主政治的想象与诠释，表达了他自己的政治理想观。

（一）中国人的君主观念是"英雄崇拜"

要了解辜鸿铭关于中国君主政治的观点与立场，首先需要了解其君主观。在《尊王篇》一书中，辜鸿铭说："美国人现在不相信'君王风度'，他们信仰自由与无君；法国人现在信仰自由、无君和无基督。但中国人相信没有君主便没有自由。中国人的君主观念是——英雄崇拜（尊贤）。汉语里孔子所用的相当于卡莱尔所谓'英雄'一词的那个词，

---

① 麦金泰尔. 德性之后［M］. 龚群，戴扬毅，等译. 北京：中国社会科学出版社，1995：6.

理雅各译作'Superior man'（君子），字面意思是一个小君或小王。"①
由此可以看出以下几点：第一，辜鸿铭对中国君主观的赞成是与批判当
时西方的"无君"现状相比较而言的。如前文所述，辜鸿铭批判西方
的无政府状态为"无王"。在他看来，无政府主义就是对正统权威的公
开违抗，这是一种"非理性民主"，它所导致的是无秩序，是混乱，是
战争。而"理性民主"是对权威的尊崇，中国的君主观就是"尊贤"，
因此是一种"理性民主"。第二，辜鸿铭所说的"君主"并不完全等同
于历史上的皇帝，其君主观在理论上来源于卡莱尔的"英雄崇拜"和
孔子的"尊贤为大"思想。卡莱尔的"英雄"观认为，"英雄"是生活
在真实、神圣、永恒中的人，他们的生命是自然本身的永存不朽的心灵
的一部分。②卡莱尔将"英雄"分为六类，不同种类的"英雄"都有
一种能力，即能透过纷繁的事物表象看到事物实质的能力，卡莱尔把这
种能力叫作"忠诚"。所以，他认为"英雄"就是指"忠诚的人"。卡
莱尔所说的"忠诚"既是一种能力，也是一种道德品质。作为一种能
力，"忠诚"是指能望穿万物虚伪的外表、辨别事物表象的能力；作为
道德品质，"忠诚"是指坚强地忠实于事物的本质，并敢于将其以行动
或语言宣示出来。卡莱尔的"英雄崇拜"思想在强调"英雄"具有洞
察事物本质的超凡智慧的同时，也强调了其道德品质的重要性，因此它
与孔子的贤人政治理想存在契合之处。而且，卡莱尔也曾公开赞美中国
科举制所追求的贤人政治理想，虽然他认为中国的贤人政治实践并不十
分成功，但他认为这种尝试是非常宝贵的，他说："智慧的人位于事务
的顶端：如果一切制度和革命有目的的话，这便是它们的目的。因为真
正智慧的人，是有高尚心灵的人，真诚、正直、人道和勇敢的人。让他

---

①　辜鸿铭.辜鸿铭文集：上卷［M］.黄兴涛，等译.海口：海南出版社，1996：160－161.
②　卡莱尔.英雄与英雄崇拜［M］.何欣，译.沈阳：辽宁教育出版社，1998：177.

执政，一切都会得到，不取用他，尽管你有黑莓一样繁多的制度，在每一个村庄都有议会，也将一无所获"①。

卡莱尔的英雄观和他对中国士大夫政治理想的观点对辜鸿铭产生了直接影响，以至于他将中国人的君主观念与卡莱尔的英雄观相比拟。但事实上，卡莱尔的英雄观与孔子的贤人政治理想是有区别的。卡莱尔的英雄观是针对当时机械主义的浪潮提出来的，他之所以呼唤"英雄"，是因为他生活在一个科学主义和机械主义开始主宰人类精神生活的时代，对物的崇拜代替了对人的崇拜，人的价值的失落导致人类精神的空虚，卡莱尔对"英雄"的呼唤实质上是呼吁人们重视人自身的价值。结合前文辜鸿铭关于无政府主义的论述可以看出，辜鸿铭对中国人的君主观念的诠释，更多的是站在反思现代性的立场上对人的价值的肯定。

（二）中国的君臣关系是"天伦关系"

为论证中国君主统治的合道德性，辜鸿铭从三个角度对中国君主政治时期的君臣关系进行了论证，他得出的结论是，中国的君臣关系不是一种激于利益动机的"功利"（business）关系，而是一种激于神圣的"天然情感"（divine passion）的"天伦"（divine relation）关系。

首先，辜鸿铭认为君主统治臣民的权力是一种"神圣的权力"，不过，他所说的"神圣"，并非宗教意义上的"君权神授"，而是合乎"天伦"的神圣性。启蒙运动以来，宗教神学遭到理性主义的质疑，"君权神授"被认为是统治者利用宗教神学欺骗民众的一种荒谬理论。但辜鸿铭认为君主的"神授之权"并非全是虚幻的，他从天然情感的角度试图论证君权确实具有神圣性的一面。辜鸿铭将中国的君臣关系视为与爱情、亲情、友情同样的是一种"天伦关系"。他说："如同卡莱

---

① 黄兴涛. 文化怪杰辜鸿铭［M］. 北京：中华书局，1995：24.

尔将君王的权力称之为神授天赐之权一样，我们中国人则把君主或皇帝与他的臣民之间的关系说成是一种天伦关系，之所以如此称谓，是因为这种关系既非激于一种金钱的动机，也非激于一种功利动机，而是激于一种神授天赐的天然情感（divine passion）。"① 如孟子所说："人少，则慕父母；知好色，则慕少艾；有妻子，则慕妻子；仕则慕君。"② 在辜鸿铭看来，把中国的君主和臣民联结在一起的纽带就是这种"天然情感"，而不是其他外在的法律或利益。由血缘亲情伦理关系推导出政治伦理关系，是儒家伦理文化的重要特点。辜鸿铭认同儒家文明，在他看来，在中国，臣民对君王的尊崇，是发自内心的一种自然情感，而不是出自外在的功利的动机。这显然是对中国传统君主政治的一种想象，它完全不符合历史事实，显示了辜鸿铭政治思想的无知与幼稚。

　　其次，辜鸿铭对传统中国的君臣关系与现代美国总统与选民的关系进行了别出心裁的比较。他说："中国人在选择他们的皇帝时，并不像美国人选择他们的总统那样，认为这个人将促进他们的利益，会为他们做'好事'；中国人选择皇帝，是由于在他们的内心深处，在他们的灵魂中，认为他是一个绝对比他们自身更优秀更高贵的人。这种对于一个人的高贵品质所产生的感情或赞赏，就是卡莱尔所谓的'英雄崇拜'。孔子说：'仁者人也，亲亲为大；义者宜也，尊贤为大。'"③ 在辜鸿铭看来，美国人选举总统是基于一种自利的、功利的动机，而中国人"选择"皇帝是因为对贤者的尊崇，通过这样一番比较，君主统治下的君臣关系，似乎比现代民主制度下的总统与选民的关系更合乎道德。

　　我们如果仅从辜鸿铭关于中国君臣关系的观点是否符合历史实际的

---

① 辜鸿铭. 辜鸿铭文集：下卷［M］. 黄兴涛，等译. 海口：海南出版社，1996：179.
② 杨伯峻. 孟子译注［M］. 北京：中华书局，2005：206－207.
③ 辜鸿铭. 辜鸿铭文集：下卷［M］. 黄兴涛，等译. 海口：海南出版社，1996：180.

角度来评价其观点，得出的无疑是完全否定的评价，但这样的角度无疑会忽略掉辜鸿铭观点背后的历史深意。笔者认为，辜鸿铭将中国君主政治时期的君臣关系诠释为一种"天伦"关系，其深层的心理与其说是对君主政治的赞美，不如说是对现代政治社会中人与人之间的赤裸裸的利益关系与冷冰冰的法律关系的批判。

（三）中国的君主制是"理性民主政体"

辜鸿铭关于中国君主政治的一个最令人意想不到的论断是——虽然中国从统治形式上是君主政体，但中国一直拥有"理性民主政体"。辜鸿铭回顾了中国历史，以独特的逻辑阐述了中国古代"民主政治"建立的历程。他认为，中国的封建制远在两千多年前就被废除了，政治由"受人尊崇的贵族政治"转向了"低级的官僚政治"，官僚政治导致"破坏性的民主运动"，即秦朝末年的农民起义。汉高祖刘邦上台后形成了独裁，打算以武力来统治天下，一位大学者献言政治统治需行"仁政"。就这样，"中国人就结束了那种带有破坏性的民主，从而进入了真正的民主时代"。

要理解辜鸿铭关于中国君主制是"理性民主政体"的观点，需要先了解他的其他两个观点：第一，"理性民主"与"非理性民主"的划分，第二，君主权威与民主政治的关系。辜鸿铭区分"理性民主"和"非理性民主"的标准前文已有论述，即以是否尊崇权威及考虑责任与义务是否先于考虑个人权力来区分二者。关于尊崇权威，辜鸿铭认为，正是由于内心蕴含着对权威的尊崇，中国人一直拥有"理性民主"。他引用一位西方学者的话来证明他的观点，一位西方学者在论述中国人的工商生活时曾说："人们所观察到的这个民族最引人注目的特点，是他们的组合能力，这也是文明人类最明显的标志之一。对他们来说，组织和联合行动非常容易。其原因是他们内在具有对于权威的尊崇和遵纪守法的本能。"① 辜鸿铭指出，如果中国人内心没有对权威的尊崇，那么中国"得到的就是众所周知的目前处在'无政府状态'的共和统治下、人们应称为'非理性民主'的东西"②。辜鸿铭将君主统治时期的中国与民国时期的中国进行对比，赞美过去的统治是成功的，因为它"使整个国家处于和平与秩序之中"，而民国时期的中国由于人们内心已丧失对权威的尊崇，整个国家处于无政府状态，是一种"非理性民主"。关于旧式政体下的中国人考虑义务先于考虑个人权力这一点，辜鸿铭也以西方一位教授的说法为证。英国剑桥大学的罗斯·迪金逊曾写道："我以前从没有到过这样一个国度，这里的人民是如此的自尊自立和如此的热情。他们没有那种个人权力的自我意识，但却不像人们在印度到处可看到的那种爬在地上的卑躬屈膝。中国人是民主主义者，从他们怎样对待自己和怎样对待同胞中就能看到，他们已经实现了民主主义者期望西方国家所达到的水平。"③ 辜鸿铭对此说法深以为然，他甚至认为"中国人民今天是世界上唯一民主的民族"。因为在他看来，旧式政体下的中国人，正是这样一种只考虑自己的义务而不考虑自己的权力的人。基于以上两点，辜鸿铭认为中国人拥有"理性民主精神"。一个民族如果拥有理性民主的精神，那么专制就不可能存在。因此他认为中国虽然形式上是君主政治，但一直拥有"理性民主政体"。

在现代人看来，君主政治与民主政治是势不两立的东西，为论证君主政体与民主政治并不矛盾，辜鸿铭对君主权威与民主政治的关系进行了煞费苦心而又别具新意的论证，即从君主作为"政治灵魂"或"民族之魂"的角度论述君主权威对在民主政治下维持权力的稳定的重要

---

① 辜鸿铭. 辜鸿铭文集：上卷 [M]. 黄兴涛，等译. 海口：海南出版社，1996：543.
② 辜鸿铭. 辜鸿铭文集：上卷 [M]. 黄兴涛，等译. 海口：海南出版社，1996：544.
③ 辜鸿铭. 辜鸿铭文集：上卷 [M]. 黄兴涛，等译. 海口：海南出版社，1996：545.

意义。辜鸿铭认为，君主政治与民主不仅不是水火不容的，而且对于民主政治而言，君主的必要性甚至比古代的封建制的意义还要重大。其原因在于，封建制度下实行的是贵族政治，贵族与君主一样拥有"高贵的灵魂"，他们都不依靠"无生命"的法律来统治人民，而是依靠高尚的道德情操来驾驭民众，因而贵族统治下，不太需要作为"政治灵魂"的君主。但是，对于民主政治而言，要维持权力的稳定，君主权威的存在极其重要和必要，辜鸿铭主要从民主政治下官僚制的弊端对此进行了论证。他认为，官吏的行为在民主政治体制中"不过是无生命的整个机器的一部分"，如果没有"民族之魂"，民主政治下的官员就必然堕落成官僚。因为，在辜鸿铭看来，官僚政治是一种"低级"的政治，官僚政治下的政府官员，"只知道枯燥无味的法律，而不清楚道德、礼仪的教育在政治上的重要性"。换言之，官僚政治只能统治民众，而不能教化民众。辜鸿铭分析了官僚政治的负面影响，他认为官僚政治所招致的必然结果是事务繁杂，机构庞大，这必然导致赋税负担加重，从而最终引起民众反抗，即他所说的"破坏性的民主运动"。

从以上分析可以看出，辜鸿铭对官僚政治的分析涉及了韦伯所探讨的现代社会的理性化与官僚政治的重要问题。现代社会管理的理性化，使政府行政机构形成追求高效和专门化的官僚科层制，如辜鸿铭所言，这导致意义和价值的丧失。要突破这种困境，需要有一种超越官僚科层制之上的卡里斯玛型的领袖，给人们灌注精神力量。辜鸿铭关于君主权威与民主政治的关系的论述，实质上是对现代社会管理过于理性化的反思。在他看来，拯救官僚政治理性化带来的弊端的方法，就是"君主权威"的存在，他所说的"君主权威"就是韦伯所说的"卡里斯玛"的精神领袖。

以上辜鸿铭从民主政治、官僚政治与君主权威三者之间的关系，论述了君主的存在与民主政治并不矛盾的观点，旨在说明中国的君主制是一种"理性民主政体"的观点是成立的。按照辜鸿铭的分析，传统中国的政治体制并不是一种君主专制政体，而是一种君主制与民主制相混合的政体。当今也有研究认为，传统中国的政治体制并不是一种纯粹的、绝对的君主政体，而是一种君主混合政体，并认为相对于西方中世纪的同类政体来说，传统中国政治体制的混合精神更为饱满，它主要表现为这样几个方面：一是儒家之道与君主权力之间存在张力；二是社会显贵构成相对自主的政治势力；三是科举制为平民提供了参政机会；四是国家治理权旳分解（即君权与相权）和制约达到了相当高的水平，在某种程度上抑制了君主制走向专制主义。① 辜鸿铭虽然没有从学理上深入分析传统中国政治体制的混合性特征，但他触及了混合性政体问题，与当时流行的将中国的君主制视为绝对的君主专制制度而予以全盘否定的观点相比，他的思想起到了一定的纠偏作用。然而，其理论的局限在于，他从反对一种极端走向了另一个极端。因为，中国古代的君主制虽然不是一种绝对的君主独裁统治，但也绝非是一种民主政体。

第三节　辜鸿铭的贵族政治德性观

亚里士多德曾指出："贵族政体在各种名位的分配方面最能体现德性原则，因为贵族政体的准则即是德性。"② 西方政治从古至今一直存在着一个贵族政治传统，近代以来，贵族德性也构成了西方保守主义伦

---

① 储建国. 中国古代君主混合政体［J］. 政治学研究，2004（01）：44－52.
② （古希腊）亚里士多德. 政治学［M］. 颜一，秦典华，译. 北京：中国人民大学出版社，2003：132.

理的一个核心气质。① 辜鸿铭深受英国 19 世纪保守主义文化以及儒家德性伦理思想的影响，以德性为准则的贵族政治无疑是其混合政体观的一个重要组成要素。但是，辜鸿铭并没有系统论述贵族政治德性，其主张主要通过对满洲贵族的评论体现出来。

一、论"满洲贵族"的高贵品质

民国时期，"满洲贵族"作为一个特权阶级，曾经是革命打击的对象和政治批判的靶子。然而，辜鸿铭对"满洲贵族"却另有一番评价。尽管他也谴责"满洲贵族"的奢侈腐化和不负责任，但他并不否认"满洲贵族"过去在中国社会政治生活中曾发挥过的积极作用。他认为，最初作为一个军事部族的"满洲贵族"，后来成了"整个国家的核心和潜移默化的内在力量，它激励、改善并形成了中国的新统治阶级"②。而且，"满洲贵族"在以后重振国家秩序中仍能发挥重要作用，他甚至视"满洲贵族"为中国建立新的社会秩序的"唯一基础和基石"。其理由在于，满洲贵族的高贵品质尤其是其英雄气概是引领国家政治和社会生活朝着一个高尚目的发展的重要精神支撑。换言之，辜鸿铭认为满洲贵族的贵族德性是国家政治生活不可缺少的道德元素。

（一）英雄气概是满洲贵族的特长

在《中国牛津运动故事》一书中，辜鸿铭分析了"满洲贵族"、受教育阶层、民众等三个阶层的道德品质，认为"满洲贵族"的特长，在于他们的英雄气概或高贵品德。所谓英雄气概，即孔子所说的"知耻近乎勇"。

---

① 肖克. 当代西方保守主义民主政治理念研究［D］. 长春：吉林大学，2008：76.
② 辜鸿铭. 辜鸿铭文集：上卷［M］. 黄兴涛，等译. 海口：海南出版社，1996：358.

辜鸿铭将英雄气概视为"满洲贵族"一项突出的高尚品质，大体上是不错的。"满洲贵族"出自军事部落，崇尚勇武精神，英雄气概往往与尚武精神相联系。因此，辜鸿铭认为，"作为中国唯一的军中部族的后裔，满族人远比汉人有气节，因为他们的祖先是军人。没有什么东西比尚武更能促进气节的养成。一个真正的军人，总是不断地以勇于自我牺牲相砥砺。而自我牺牲，正是气节和所有高贵品格的根基"①。辜鸿铭这里所说的"气节"就是指"英雄气概"。然而，随着政权的巩固和社会承平日久，"满族贵族"的高尚品格或英雄气概，由于缺乏积极的军事活动的促进，不免衰退和萎缩。辜鸿铭认为，"满洲贵族"高贵品质的衰退和萎缩不仅影响到了文人学士的智慧品质，也使劳工阶层的生产失去了高尚目的的指导。在他看来，由于缺乏早期满族人高贵品质的引导，文人学士的知识能力丧失了"优雅"，变得"卑劣和粗俗不堪"；② 由于没有满族人高尚品格的引导，中国劳工阶层的勤劳力量也被卑劣的目的所浪费，"它不是被引导去生产一些促使国民身心健美的生活必需品，而只是为了刺激、满足感官的愉悦和虚荣之心去生产一些供人逸享、奢侈和摆阔的工具"③。辜鸿铭认为，弥漫于上流社会的这种奢靡之风是一种"可耻的浪费性消费"，它正意味着民众勤劳的生产力缺乏高贵的指导。这种"浪费性消费"不仅白白浪费了人民勤劳的

---

① 辜鸿铭．辜鸿铭文集：上卷［M］．黄兴涛，等译．海口：海南出版社，1996：299.

② 辜鸿铭所指的知识的优雅与庸俗的观点，受到卡莱尔、阿诺德的影响。英国人将失去优雅的知识称为"常识"，卡莱尔称之为"河狸之智"，马太·阿诺德称之为"庸人市侩之智"，他们认为，这种失去优雅的智慧是针对知识被欲望所强化的情形而言的。辜鸿铭认为，"河狸之智"对于日常实用工作有用，但绝不能用在教育工作上，因为它"能教人才智，不能教人品德，能教人头脑，不能教人心灵"。（参阅辜鸿铭．辜鸿铭文集：上卷［M］．黄兴涛，等译．海口：海南出版社，1996：301.）

③ 辜鸿铭．辜鸿铭文集：上卷［M］．黄兴涛，等译．海口：海南出版社，1996：301.

生产力，而且使人民的劳动果实难以得到公平的分配，最终导致社会贫富分化加剧，太平天国农民起义由此爆发。辜鸿铭既将"满洲贵族"的奢靡视为太平天国农民起义的原因，又将这种奢靡之风归于失去满洲贵族高贵品质的指导，这在逻辑上是自相矛盾的。

（二）纯朴和耿直是"满洲贵族"最杰出的道德品质

辜鸿铭认为，"满洲贵族"最杰出的道德品质是纯朴和耿直。他所说的"纯朴和耿直"是相对于"狡诈"而言的。辜氏认为，满族人虽然有许多缺点，但仍然是一个不狡诈的民族，一个具有伟大的质朴心灵的民族。他举了两类满族人予以佐证：第一类是满族官员，第二类是以慈禧太后为典范的满族妇女。满族官员如时任外务部侍郎的联芳①，这位"满洲贵族"曾留学法国，在李鸿章手下供职多年。辜鸿铭说："他本有机会像李鸿章手下的'暴发户'们那样大捞一把——然而现在，他大概要算是中国留过洋的人当中最贫寒最清廉的一个了。"② 又如锡良，时任东三省总督，辜鸿铭认为锡良从小知县做起，最后升任大总督，其生活也很清寒，是个廉洁的人。除此之外，辜鸿铭自称他还能举出很多所认识的官场内外的"满洲贵族"的名字，这些人之所以得到辜鸿铭的赞赏，除了纯朴和耿直之外，还有清廉、优雅、尽职尽责、英雄气概等高贵品质。关于满族妇女的美德，辜鸿铭认为慈禧太后是典范，他说："刚刚去世的中国皇太后，是为世人所公认的伟大女性，她具有一切伟人所共有的品质——纯朴。"③ 他认为，纯朴这一美德不仅为慈禧太后个人所拥有，而且是整个满族所具有的特性。

---

① 联芳：汉军镶白旗人，字春卿。同文馆卒业，曾赴法国留学，1910 年由外务部侍郎升任荆州将军。
② 辜鸿铭. 辜鸿铭文集：上卷 ［M］. 黄兴涛，等译. 海口：海南出版社，1996：362.
③ 辜鸿铭. 辜鸿铭文集：上卷 ［M］. 黄兴涛，等译. 海口：海南出版社，1996：398.

（三）优美的举止风度是"满洲贵族"道德品质健全的体现

优美的举止风度，是贵族高贵品质的外在体现，辜鸿铭认为"满洲贵族"具有这种风度，他以荣禄和慈禧太后为例。在辜鸿铭眼中，荣禄是一个具有优雅的举止和尊贵的气派的大贵族。除荣禄之外，辜鸿铭认为"满洲贵族"中唯一的另一位具有"宏大气度"的人，是当时已故的慈禧太后。辜鸿铭称赞慈禧太后不止是一位像英国维多利亚女王那样的伟大贵妇或女国主，她还是一位高贵的不同寻常的女性。辛亥革命时期，满族人是被革命打击和批判的对象，辜鸿铭描述了"满洲贵族"在此期间的表现，他说："今日中国那些沉默的、真正高贵的人——少数正与全民族抗争的人——虽然忍受着不可避免的失败和羞辱，但却应当赢得人们的尊敬，因为在反对这场下流无耻的诽谤运动时，他们没有用有损尊严的一字一句进行过反击和报复。"① 在辜鸿铭看来，"满洲贵族"在逆境中表现出优雅得体的举止，恰是其道德品质健全的体现和确证。

以上辜鸿铭从英雄气概、纯朴、优雅等方面赞颂了"满洲贵族"的"高贵品质"。辜鸿铭对"满洲贵族"的赞扬，其目的并非偏袒"满洲贵族"，正如他自己所言，他对"满洲贵族""高贵品质"的赞赏和表扬，并不是因为他自己与"满洲贵族""利害攸关"，也不是"偏爱使然"，他要赞赏和表扬的，乃是"满洲贵族"那种"良好的质地和高贵的气质"。在辜鸿铭看来，辛亥革命后，中国的文人学士已经彻底丧失了道德，他们"除了虚荣和狂妄之外，毫无品行可言"。中国民众的道德虽然没有受到太大损害，但民众伟大的道德力量尽管强大，却是一种粗陋、残暴的力量，它没有"满洲贵族"道德力量的"高尚与优

---

① 辜鸿铭. 辜鸿铭文集：上卷［M］. 黄兴涛，等译. 海口：海南出版社，1996：403.

雅"。辜氏认为，只有"满洲贵族"的道德仍然是健全的。因此，他认为中国要重新建立一种新的社会秩序，需要"一种真正的新中国的最好材料"，凭借这种"材料"才可以产生一种新的更好的事物秩序，而这种"材料"将仍然要在中国的"满洲贵族"中去找。可见，辜鸿铭所要表达的观点是，贵族高贵的品德与气质对国家社会政治生活具有重要引导作用，因为"满洲贵族"仍然具有"高尚的品德"，故辜鸿铭认为他们对于中国新的秩序的建立仍然是具有价值的。辜鸿铭的贵族观明显受到了卡莱尔、阿诺德等西方浪漫主义思想家的影响，尤其是阿诺德，他是极端强调贵族阶级在社会和文明发展中具有不可或缺的指导作用的一个典型代表。[①]

二、论"满洲贵族"的不足之处

尽管辜鸿铭对"满洲贵族"的高贵品质不吝赞颂之辞，但他同时也指出，"满洲贵族"的实际状况离值得赞扬还差得很远。他主要从耽于享乐、不负责任与缺乏智识修养两个方面批判了"满洲贵族"道德品质的堕落。

（一）耽于享乐，不负责任

辜鸿铭指出，"满洲贵族"打败汉人，"赢得并重建了中华大帝国。此后，他们逐渐地不把具有古老文明的大帝国视作人民托付给他们照管的神圣之物了，而只把它看作祖宗的遗产或既得利益，认为有特权享用，而没有任何责任。因此一味地花天酒地，以为可推动劳工阶级的利益，促进商业繁荣"[②]。对于"满洲贵族"的不负责任和耽于享乐，辜

---

① 黄兴涛. 文化怪杰辜鸿铭［M］. 北京：中华书局，1995：282.
② 辜鸿铭. 辜鸿铭文集：上卷［M］. 黄兴涛，等译. 海口：海南出版社，1996：358.

鸿铭讲述了一个真实的故事。他说，太平天国农民起义前，有一位出身名门的"满洲贵族"担任两广总督，他几乎把所有时间用来搜集和玩赏玻璃器皿和鼻烟壶，当有人规劝他要好好尽一个总督的责任时，这位"满洲贵族"却说："我的责任！笑话！哎，难道你不知道我们满人受圣上的鸿恩，被派来当总督，不是来办什么事，而是来享福的?!"① 这段描述生动地刻画出一个"满洲贵族"掌握政权后享受特权、不理政事、不负责任的堕落形象。辜鸿铭认为，正是由于"满洲贵族"的堕落与腐化，造成了太平天国农民起义。"满洲贵族"也因此丧失了在国家政治中的主动权，且无力发挥他们在社会组织或社会秩序中的应有作用，即激励和引导中国民众过一种高尚的生活。

　　"满洲贵族"在面对农民起义时表现出束手无策和无能为力，辜鸿铭认为，其原因并不在于"满洲贵族"已完全丧失了勇武精神或高尚品质，而是因为他们不能或不愿正视社会问题。他说："一个贵族的傲气，也许能使愚蠢学徒和店主组成的俗不可耐的乌合之众产生敬畏感，但是一个不能或不愿正视民众社会错误的贵族，其所有的英雄气概和最优秀的战斗素质在上帝的正义面前也是无能为力。因为上帝的正义，总是我国革命和上海骚乱这类事变的最终根由。"② 辜鸿铭虽然谴责"满洲贵族"的腐化堕落和不负责任是违背"上帝的正义"的可耻行为，但他认为并不必因此将"满洲贵族"逐出国家政治生活之外。因为，在辜鸿铭看来，"满洲贵族"类似于英国的"上议院"，如果废除这个"上议院"，中国就会丧失英雄主义和高贵品质，国家便会失去英雄主义和高贵品质的集结点与重振的依托"。因此，他认为"满洲贵族"需要有人从内部或外部进行"改造"，"给其体内注入新的生命"，而不是

---

① 辜鸿铭. 辜鸿铭文集：上卷［M］. 黄兴涛，等译. 海口：海南出版社，1996：358.
② 辜鸿铭. 辜鸿铭文集：上卷［M］. 黄兴涛，等译. 海口：海南出版社，1996：305.

将其逐出政治舞台。

(二) 缺乏"智识修养"

缺乏智识修养,是"满洲贵族"的另一个致命缺陷。辜鸿铭指出,"满洲贵族"像所有国家的贵族一样,最初都是军事部族,他们的专长在于能征善战。因此,他们从形成之日起,就更需要和更重视发展体力而不是脑力或智力。到了晚近,虽然社会环境改变了,军事部族的后代一般仍然不太重视通过脑力或智力方面的训练来加强智识修养。一个没有深厚智识修养的贵族,就不能有正确的思想,而没有思想,就无法对现实做出说明。因为,"一个没有思想的人只能看见事物的外表,却无法见到事物的内涵,见到那物质客体的内在道德特质或精神价值"①。

接着,辜鸿铭就缺乏智识修养这一缺陷对"满洲贵族"乃至世界其他国家的贵族阶级在近代中西文明、传统文明与现代文明的冲突碰撞中败北的原因,进行了颇具深度的分析。他说:

一个国家的贵族阶级,像中国的满洲贵族和英国的上层阶级,因为他们缺乏智识修养,一般说来没有思想且无法理解思想,结果也就无法解释和说明现实。然而,生活中的现实,就像古埃及的斯芬克斯之谜一样,如若得不到正确的解释和说明,她就会将其人和民族一起吞并——在太平时期,对于那些生活在古老的既成的社会和文明秩序中的人来说,不必自行理解生活中环绕自己的种种现实——那由男人和女人组成的社会,既成社会秩序和文明中的生活方式与风俗习惯。因为这些现实已经得到了解释,绝对毋需人们再去自行解释。然而,生活在革命和"扩展"的时代——比如当今生活在中国和欧洲的人们——当文明与文

---

① 辜鸿铭. 辜鸿铭文集:上卷 [M]. 黄兴涛,等译. 海口:海南出版社,1996:333.

明相遇、冲突和碰撞之时，一个民族旧有的社会秩序、生活方式与习惯，就像大地震中的陶器一样很容易破碎——在这样的时代，人们突然面临新的现实，他们不得不对其做出正确的解释和说明，否则，新的现实，就如同那埃及的斯芬克斯女怪，将要吞没他们、吞没他们的生活方式及其文明。①

辜鸿铭以优雅的语言，分析了在传统社会中居于统治地位的贵族阶级何以面对近代文明的挑战纷纷落马的深刻的内在原因，即缺乏智识修养，没有思想且不能理解思想，完全不能解释和说明现实，其结局便是被时代抛弃。

（三）缺乏严肃认真的态度

马太·阿诺德曾批评他那个时代的英国贵族不仅没有思想，而且缺乏严肃认真的态度，他说：真不知道，世界上是否还有人像我们上流社会一般英国人这样，对于世界的现实变化如此地无知、迟钝，糊里糊涂。他既无思想，也没有我们中产阶级的那种严肃认真态度。辜鸿铭认为，阿诺德对英国贵族的评价用在"满洲贵族"身上也是合适的。他认为，满洲贵族当时一个最大的缺点，在于他们缺乏严肃认真的态度。他指出，北京的大多数满族王公和其他名流，不仅没有意识到当时国事的严重，也没有意识到他们自己那特殊化的、朝不保夕地位的危险性。虽然"满洲贵族"在太平天国农民战争和义和团事变之中吃尽了苦头，但他们似乎丝毫也没有接受教训，"他们所剩下的唯一一样东西就是骄傲"。

---

① 辜鸿铭. 辜鸿铭文集：上卷［M］. 黄兴涛，等译. 海口：海南出版社，1996：334 – 335.

三、辜鸿铭贵族政治德性观旳特点

辜鸿铭的"满洲贵族"观从贵族政治的面向体现了其混合政体观的特点，即强调贵族德性在国家政治生活中的价值引导与支撑作用。如果说强调德性体现出辜鸿铭的贵族政治观与传统贵族政治的渊源关系，那么，其"公职贵族"理念和加强贵族智识教育的观点，则反映了其贵族政治观与传统贵族观的本质区别。以下从三个方面略陈辜鸿铭贵族政治观的特点。

第一，认为贵族的高贵品质可以引导社会生活与国家政治朝向一个高尚的目的。辜鸿铭对"满洲贵族"的赞赏，与其说他是赞赏"满洲贵族"这一群体，毋宁说他称颂的是附着在"满族贵族"这一群体身上的德性。康德认为，"我们对一个人的尊重，更确切地说只是尊重规律，如我们尊重诚实的人，实质上我们尊重的是诚实这一规律"①。同理，辜鸿铭对满洲贵族的赞赏，实质上赞赏的是贵族所体现出来的"高贵品质"。

第二，提出"公职贵族"理念，区别于传统的等级贵族观。辜鸿铭所谓"公职贵族"，是指保留了旧式贵族那种高尚的情感与优雅的气质，同时又将这种贵族气质与"现代真正自由主义的那些成熟的文化结合起来"的新式贵族。显然，辜鸿铭划分贵族的标准已非传统意义上的身份、血缘、财富，而是美德和智识修养。而且，辜鸿铭的贵族政治观显然掺入了近代平等与自由的价值理念。辜鸿铭评价"满洲贵族"的参照是英国贵族，他对于贵族政治的理解也主要来自英国。辜鸿铭既赞赏英国贵族政治体制，同时又对其等级制度与贵族的傲慢态度进行了

---

① 康德. 道德形而上学原理 [M]. 苗力田，译. 上海：上海人民出版社，1986：14.

批判。

第三，重视贵族的智识修养，纠正传统军事贵族偏重于尚武精神而忽视智识教育的弊端。辜鸿铭指出，出生于军事部族的传统贵族的一个共同特征在于，重视尚武精神而忽视智识修养。如英国中世纪时期的世俗贵族主要是军事贵族，出身良好的贵族如果想成为一名骑士，事先还需接受必要的教育和训练。骑士教育的特点是重视尚武品质的培育和军事征战能力的训练，忽视文化知识的传授，许多骑士甚至目不识丁。①辜鸿铭认为贵族的这一特点延至晚近仍然存在，虽然社会环境改变了，军事贵族的后代一般仍然不太重视通过脑力或智力方面的训练来加强智识修养。由于缺乏深厚的智识修养，作为统治阶级的贵族没有深刻的思想，在传统向现代变迁的转型时期，无法解释和说明现实，因而也无力应对社会变迁所带来的各种社会政治及文化问题。因此，辜鸿铭认为，新时期的贵族在保持原有的高贵品质如英雄气概、质朴等美德的同时，还必须加强智识修养，使自己不仅具备深刻的思想，而且能理解优秀的思想，并能用思想解释和说明现实。

小结

辜鸿铭对民主政治的批判和对君主政治、贵族政治的推崇，实际上是其以传统批判现代性的表现，其观点在很大程度上是针对民主政治出现的问题而开出的补救"药方"。辜鸿铭所处的时代，既是一个民主成为政治图腾的时代，也是一个民主观十分混乱的时代。在现实政治生活中，西方民主政治制度的建立，并没有给人类带来持久的和平与秩序，相反，伴随政治制度的变迁，西方社会出现了人的道德价值与尊严失

---

① 阎照祥. 英国贵族史［M］. 北京：人民出版社，2000：58-59.

落、人与人之间的关系功利化、人们的权利意识膨胀而责任意识淡薄、官僚科层制过度理性化而导致价值理性失落等社会伦理道德问题。

首先，针对西方民主政治"权利优先"的价值倾向，辜氏强调"理性民主"，他批判西方民主政治为"非理性民主"，其中一个重要原因就是民主主义者只坚持自己的权利，而不考虑应承担的义务。然而，在辜鸿铭看来，不是权利而是责任，才是保障人类社会秩序的道德基础。

其次，针对法国大革命所出现的绝对平等观，辜氏提出尊重权威，他认为权威就像社会一样是自然形成的，尊重自然形成的权威，就是对客观规律的尊重。在他看来，真正意义上的平等并不是要否定权威，而只意味着没有特权。

再次，针对现代民主政治的重要组成部分——官僚制度的过于理性化，辜鸿铭亦有所反思。辜氏提出拯救官僚政治理性化弊端的方法，就是"君主权威"的存在，他所说的君主权威实质上就是韦伯所指的"卡里斯玛"式精神领袖。他对中国君主政治的推崇，其原因正在于此。

第六章

辜鸿铭的女性伦理观

　　社会上流传最广的有关辜鸿铭的逸闻趣事，莫过于他的"茶壶茶杯"论。辜氏以茶壶比喻丈夫，以茶杯比喻妻子，以其特有的幽默在西方人面前为中国的纳妾制辩护，给人留下了一个顽固保守的男权主义者形象。女性观因此成为辜鸿铭最受非议的一个重要原因。如果离开当时的语境与时代背景，以我们今天的性别价值标准来衡量，辜鸿铭的女性观无疑是应该大加批判的。然而，如果我们拨开覆盖在其思想表层的奇闻轶事的遮蔽，仍然可以发现蕴含在其中的一些有价值的思想观点。辜鸿铭对中国传统女性社会价值的肯定，对我们摆脱单一的"五四妇女史观"①的束缚，重新认识与估价传统女性伦理思想的价值，具有一定的启发意义。

---

　　① "五四妇女史观"往往将传统女性描述为一个"受害者"，从而勾销了传统女性的主体性与能动性，将她们化约为某种停滞不变的非历史同质性客体，漠视了两性权力关系与女性个体在社会、经济地位上的差异。"五四妇女史观"关于传统女性的论述，实质上是一种性别政治与意识形态的建构。参阅（美）高彦颐. 缠足："金莲崇拜"盛极而衰的演变［M］. 苗延威，译. 南京：江苏人民出版社，2009：2.

第一节　论妇女与文明：“妇女乃是民族文明之花”

文明观是辜鸿铭女性观的内在基础和逻辑前提。在中西文明的比较视域中，辜鸿铭提出了独特的文明观。首先，他认为，人是文明的灵魂。在《中国人的精神》一书中他指出，估价一个文明的价值，不在于它是否修建了巨大的城市、宏伟的建筑或宽广的马路，也不在于它是否制造出精致实用的工具或仪器，甚至不在于学院的建立、艺术的创造和科学的发明，而在于这个文明所生产的男人与女人的类型。“人的类型（What type of humanity）最能显示该文明的本质和个性。”① 其次，“道德标准”是文明的内涵和基础。辜鸿铭认为，生活水平、物质财富只能作为文明的条件，它并不是文明本身。文明的真正内涵或曰文明的基础是一种精神的圣典，也即他所说的“道德标准”。② 第三，在辜鸿铭的心目中，原初的中国儒家文明是以道德为基础的成熟的文明，人类未来的新文明应以儒家文明为根基。由以上可以看出，辜鸿铭的文明观以人为中心，重道德精神轻物质水平，他崇尚的是古典的儒家文明。

女性观是辜鸿铭文明观的重要组成部分。关于妇女与文明的关系，辜氏认为，“妇女乃是民族文明之花”。首先，他指出“世上每一种伟大而悠久的文明都产生过优美的妇女类型”。在列举了古希腊、罗马等世界各文明所产生的优美妇女的典型之后，辜鸿铭继而批评道，“目前欧洲文明的衰落和退化，在那些称之为社交妇女——健壮的男人气十足

---

① 辜鸿铭. 辜鸿铭文集：下卷［M］. 黄兴涛，等译. 海口：海南出版社，1996：5.
② 辜鸿铭. 辜鸿铭文集：下卷［M］. 黄兴涛，等译. 海口：海南出版社，1996：280.

的女人们身上，得到了最好的体现"①。很显然，辜鸿铭的女性观以中西文明观为前提，在传统与现代的比较视域中，辜鸿铭称颂的是具有传统美德的女性，对现代社交女性则持批判态度。接着，辜鸿铭赞美中国的"皇太后（指慈禧太后）是满族文明之花""是满族统一中国后的中华文明之花"。在《日俄战争的道德原因》一文中，辜鸿铭极力为慈禧太后辩护。他认为慈禧太后生活中的支配动机，并不是西方人所说的"卑鄙的野心"，而是"一心一意要尽到中国道德法律所要求于妇人的本质责任"，即维护家族的遗产和荣誉。② 在辜氏看来，慈禧太后是践行儒家妇德的典范。最后，辜鸿铭认为"日本式妇女是真正原始的中国儒家文明之花"，因为在他看来，日本书明是真正的、原初的儒家文明。他说，中国真正的儒家文明在元朝统治中国时已丧失其原初特征，"在今日的中国，真正的儒家文明或道德文化，可以说正处于衰落状态，相反在日本，它却正处于强盛时期"。由此他得出结论，那种地道的日本式妇女实际上是真正原始的中国或儒家文明之花。

从辜鸿铭关于妇女与文明的关系的论述中，我们不难看出，其女性观建立在文明观的基础之上，实质上是其文明观的展开和说明。

第二节　理想女性观："家庭之主妇"

一、论传统女性与现代女性

辜氏关于理想女性的论述，首先是从比较西方传统女性与现代女性

---

① 辜鸿铭. 辜鸿铭文集：上卷［M］. 黄兴涛，等译. 海口：海南出版社，1996：201.
② 辜鸿铭. 辜鸿铭文集：上卷［M］. 黄兴涛，等译. 海口：海南出版社，1996：392.

的视角展开的。他描述了闪米特人、古希伯来人的理想女性形象：那是一个"手不辞纺锤、指不离纱杆""勤于家务、从不吃闲饭"的贤惠的家庭主妇形象。辜氏认为，尽管这种闪米特人和希伯来人的理想女性不够轻柔和雅致，但比起现代欧洲的理想女性来，还是要强得多，"至于英格兰的那些女权主义者，就更无法与之相提并论了"①。辜鸿铭尤其厌恶被时人视作现代欧洲理想女性的"茶花女"。法国作家小仲马的《茶花女》当时风行中国，辜氏认为《茶花女》是欧洲文明或道德教育普遍衰落的令人担忧的标志。他甚至认为，假如有人想要检验和了解自身的德性状况，可以去阅读这本书。道德状况越好的人越会厌恶它，而阅读此书感到愉悦的人必定是道德水平糟糕的人。在辜氏的心目中，"茶花女"是一个"污秽堕落的女人"。他之所以反感"茶花女"，理由在于她"不关心丈夫的衣食，而自己却打扮得华贵体面"。他认为，视"茶花女"为理想女性的现代欧洲文明是虚伪的、华而不实的文明，他引用《中庸》的话来表达他的观点："道不远人，人之为道而远人，不可以为道。"

在对比了西方传统女性与现代女性之后，辜氏进而对古代中西理想女性观进行了比较。他认为古希伯来人的理想女性与中国人的理想女性本质上一样，其相同点在于，这两种理想女性都既不是仅挂在屋子里的一具偶像，也不是男人终日拥抱和崇拜的对象。他通过解读中国的"妇"字来说明中国的理想女性。"妇"字由"女"和"帚"组合而成，中国的理想女性就是一个手拿扫帚打扫和保持房子清洁的妇人。辜鸿铭进而指出："一切具有真正而非华而不实文明的人们心中的女性理想，无论是希伯莱人，还是古希腊和罗马人，本质上都与中国人的女性

---

① 辜鸿铭. 辜鸿铭文集：下卷［M］. 黄兴涛，等译. 海口：海南出版社，1996：71.

理想一样：即真正的理想女性总为家庭之主妇。"①

二、中国理想女性之特质："幽闲"

辜鸿铭将中国人的理想女性观与古希伯来人、基督教、新教等文明的理想女性观进行比较，认为中国人的理想女性区别于其他所有国家和民族的古代或现代的最重要的特征是"幽闲"。他解释说，"幽"的字面意思是幽静僻静、害羞、神秘而玄妙，"闲"的字面意思是自在或悠闲，"幽"所表达的特性是一切女性的本质特征。他说："一个女人这种腼腆和羞涩性愈发展，她就愈具有女性——雌性，事实上，她也就越成其为一个完美的、理想的女人。相反，一个丧失了中国'幽'字所表达的这种特性，丧失这种羞涩，这种腼腆，那么她的女性、雌性，连同她的淳香芬芳也就一并俱亡了，从而变成一具行尸走肉或一堆烂肉。"② 辜鸿铭极其反感现代女性在公共场合抛头露面，认为那是不成体统的、极不合适的事情。他热情称赞传统中国理想女性的腼腆羞涩，认为这种与世隔绝的幽静特质，赋予了真正的中国女人那种世界上其他民族的妇女所不具备的芳香。

为使西方人更具体地理解中国人心中理想的女性形象，他引用《诗歌》中的一首古老情歌："关关雎鸠，在河之洲，窈窕淑女，君子好逑。"他指出，这首诗歌蕴含着中国理想女性的三个本质特征，即幽静恬静、羞涩腼腆又优雅妩媚、纯洁。简而言之，辜鸿铭认为，真正的中国女人是贞洁的、羞涩腼腆而有廉耻的，是轻松快活而迷人的，是殷勤有礼而优雅的。只有具备了这三个特征的女人，才配称中国的女性理想形象，才配称作真正的"中国妇女"。但他也指出，中国的女性自宋

---

① 辜鸿铭. 辜鸿铭文集：下卷 [M]. 黄兴涛，等译. 海口：海南出版社，1996：72.
② 辜鸿铭. 辜鸿铭文集：下卷 [M]. 黄兴涛，等译. 海口：海南出版社，1996：87.

朝以后丢掉了许多优雅与妩媚，其原因是禁欲主义的理学家把孔教弄窄了，使其变得狭隘僵化。他们的思维使中国文明的精神被庸俗化。辜鸿铭认为，要想看到真正的中国理想女性形象，只有到日本去，因为日本保留了纯粹的中国文明。

三、论"三从"和"四德"

"三从四德"是儒家对妇女品德的总体要求。辜鸿铭认为"三从"与"四德"概括了中国人的女性理想。他根据自己的理解，对"三从""四德"进行了较详细的阐释。他说，所谓"三从"，是指三种无私的牺牲或为他人而活。他认为，中国女性的主要生活目标"不是为她自己而活，或者为社会而活；不是去做什么改良者或者什么女性感情会的会长；甚至不是去做什么圣徒或给世界行善"，而是做一个好女儿、好妻子、好母亲。所谓"四德"，即女德、女言、女容、女工。辜鸿铭详细解释了"四德"："'女德'的意思是指妇人不要求特别有才智，但要谦恭、腼腆、殷勤快活、纯洁坚贞、整洁干净，有无可指摘的品行和完美无缺的举止；'女言'的意思是指不要求妇人有雄辩的口才或才华横溢的谈吐，不过要仔细小心地球磨用词，不能使用粗鲁的语言，并晓得什么时候当讲，什么时候该住嘴；'女容'意味着不必要求太漂亮或太美丽的容貌，但必须收拾得整齐干净，穿着打扮恰到好处，不能让人背后指指点点；最后，'女工'意味着不要求妇人有什么专门的技能，只要求她们勤快而专心致志于织纺，不把时间浪费在嬉笑之上。要做好厨房里的事，把厨房收拾干净，并准备好食物。家里来了客人时尤应如此。"① "三从"与"四德"是儒家对妇女德行的具体要求，它以男性

---

① 辜鸿铭. 辜鸿铭文集：下卷［M］. 黄兴涛，等译. 海口：海南出版社，1996：72－73.

及其家族为中心，强调妇女对男性及其家庭的责任与服从。在辜鸿铭看来，由儒家文明孕育出的女性，就是理想的女性。

第三节　论女性与婚姻

女性与婚姻紧密相连，分析女性在婚姻中的地位与作用，构成了辜鸿铭女性伦理思想的另一个重要维度。

一、婚姻的道德基础："男女之爱"与"君子之道"

《中庸》云："君子之道，造端乎夫妇。"儒家认为，君子之道起源于夫妻关系，意即君子完美人格的养成是从合适地处理好夫妻关系开始的。辜鸿铭非常推崇这句话，他多次引用此话来表达他对婚姻与道德的看法。其观点如下：

其一，辜氏认为，"男女之爱产生了君子之道"。他说，君子之道由爱而生，人类首先从男女之间学到了爱。但人类之爱并不仅仅限于男女之爱，它包括人类所有纯真的情感，如亲子之爱、同胞之爱、怜悯之情等。这种发端乎男女之间的纯真情感——爱，在中国可以用"仁"来容纳，在西方则可以用"神性"与之对应。由男女之爱生出君子之道，用孔子的话来说，就是："君子之道，造端乎夫妇，及其至也，察乎天地。"

其二，辜氏认为，廉耻感（而非宗教或法律）是婚姻真正的、内在的约束。所谓"君子之道"，辜氏又称之为廉耻感，相当于西方的道德法。廉耻感是辜鸿铭极其重视和推崇的一种道德情感。他认为，廉耻感对社会各个部分的正常运转，不仅是重要的，而且是绝对必需的。一个社会如果没有了廉耻感，那么它终将走向崩溃。辜氏认为，廉耻感对于维系婚姻与家庭，同样极其重要，他视廉耻感为维系婚姻的内在的道德基础。他说："所有民族的文明史总是始于婚姻制度的确立，在欧洲，教堂宗教使婚姻成了圣事，即成为宗教的、神圣的事物。对这种神圣婚姻的约束是来自教会、来自上帝的权威。但这只是一个表面现象，换句话说，这只是外在的法律约束。对这种神圣婚姻真正的、内在的约束正如我们在那些没有教堂宗教的国家所见到的那样，是廉耻感和君子之道。"① 辜鸿铭认为，中国人维系婚姻的道德基础正是廉耻感或曰君子之道。他称赞周公制订的第一部形成文字的君子法——周礼，第一次给予中国人的婚姻以神圣的、不可动摇的约束。周礼不仅使中国人建立了家庭制度，并且使中国人的家庭得到了巩固和持久的维系。辜鸿铭在为纳妾制度辩护时（下文将论及，此处略谈），曾指出，正是夫妇双方遵守的君子之道，使纳妾制度并非如西方人所想象的那样是一个不道德的风俗。与此同时，他也强烈地谴责说，纳妾这项特权有时常常被丧失廉耻感的男人滥用，"尤其是在像今日这般混乱的中国，男人们的廉耻感处于最低状态的时候"②。显然，在辜氏看来，道德的婚姻应该建基于夫妇双方认同的、并共同遵守的、他称之为"君子之道"的道德基础之上，也只有这种廉耻感和君子之道才可能持久地维系婚姻和家庭的稳定。

二、中西婚姻之别："公民婚姻"与"情人婚姻"

为凸显中国儒家文明的价值，辜鸿铭在《中国妇女》一文中，较详细地向西方人介绍了中国古代的婚姻之礼。他说，在中国，合法的婚

---

① 辜鸿铭. 辜鸿铭文集：下卷［M］. 黄兴涛，等译. 海口：海南出版社，1996：48.
② 辜鸿铭. 辜鸿铭文集：下卷［M］. 黄兴涛，等译. 海口：海南出版社，1996：77.

姻必行"六礼"，即"问名""纳彩""定期""迎亲""奠雁""庙见"。在六礼中，最后两礼（"奠雁"和"庙见"）至关重要。所谓"奠雁"，就是男女双方在雁前洒酒祭奠，彼此立下誓言，要像双雁一样对伴侣忠诚、坚贞不渝。辜氏认为，"奠雁"之礼是誓约礼，意味着男女双方通过了道德法，君子法，此时的婚姻仅限于该男和该女之间，尚没有得到公民法的承认，这一礼节可以被称作"道德或宗教婚姻"，以区别于三天后将举行的"公民婚姻"。"庙见"礼一般在新郎家族的祖庙或祠堂举行，这一仪式由新郎的父亲或家族中最亲的长者对祖先亡灵宣告娶进新妇。然后，新郎新娘依次跪拜祖宗亡灵。辜鸿铭指出："从这时开始，那男那女不仅在道德法或上帝面前而且在家庭面前、国家面前、国法面前，结成了夫妻。因此，我称这一庙见礼仪——中国人婚姻中的祠堂祭告——为社会的或公民的婚姻。而在此公民婚姻之前，那个女子，那个新娘按《礼》经的规定——是不能算一个合法的妇女的'不庙见不成妇'。"① 由此可见，辜鸿铭所谓中国人的"公民婚姻"是指，婚姻不仅仅是一个男人和一个女人之间的事，而且是那个女人同他丈夫家庭之间的事。中国人的婚姻是一种社会婚姻，它是介于妇女与夫家之间的契约，在这个契约中，她不仅要对丈夫负责，还要对他的家庭负责，并通过家庭对社会负责，通过维护社会秩序，最终对国家负责。与中国人的"公民婚姻"不同，欧美人的婚姻则是基于单个男女之间的爱情，可称之为"情人婚姻"。

辜氏认为，中西婚姻产生根本区别的原因在于，中西文明对公民（他又称公民生活或国家）概念的不同理解。在他看来，公民的真实概念是指，一个公民并不是为他自身而活，而首先是为他的家庭而活，通

---

① 辜鸿铭. 辜鸿铭文集：下卷［M］. 黄兴涛，等译. 海口：海南出版社，1996：81.

过这形成公民秩序或国家。① 辜氏认为，婚姻家庭观念与公民国家观念是紧密相连的，而前者是后者的基础。他说，一个人要想拥有一个真实的国家或公民秩序的观念，他就必须首先拥有一个真实的家庭观念，而要拥有一个真实的家庭观念，又必须先拥有一个真实的婚姻观念。他认为，结婚不是去结一种"情人婚姻"，而是去结"公民婚姻"。辜鸿铭高度认同中国人的婚姻观念，他认为中国人的"公民婚姻"不仅使家庭稳固，而且保证了社会秩序，最终使整个国家处于稳固的秩序之中。而欧美人并没有形成真正的公民概念，正是由于现代欧美人对社会或公民生活缺乏一个真实的观念，所以他们的婚姻是一种自私的"情人婚姻"。他认为，建基于这种自私基础之上的国家观念是虚假的。

三、纳妾之辩："纳妾并非是一个不道德的风俗"

纳妾制度是中国自先秦开始就已存在的一种婚俗制度，在西学东渐之前，纳妾在中国是合情合理的，它的存在，就如我们今天认为一夫一妻制是天经地义的一样。清末民初，随着欧风美雨的冲击和中国社会的变迁，这项制度的合理性越来越遭到质疑。这种质疑首先来自西方。辜鸿铭对纳妾制度的辩护也主要是针对西方人的。在西方人眼里，中国的纳妾制度是一项不折不扣的不道德的陋俗。针对那些爱谈中国纳妾不道德的西方人，他讥讽道，"在我看来，中国的那些纳有群妾的达官贵人们，倒比那些摩托装备的欧洲人，从马路上捡回一个无依无靠的妇人，供其消遣一夜之后，次日凌晨又将其重新抛弃在马路上，要更少自私和不道德成分"②。他承认，中国人纳妾或许是自私的，但那些玩弄女性的欧洲人不仅自私，而且是些懦夫。辜鸿铭力图向西方人证明，在中

---

① 辜鸿铭. 辜鸿铭文集：下卷［M］. 黄兴涛，等译. 海口：海南出版社，1996：82.
② 辜鸿铭. 辜鸿铭文集：下卷［M］. 黄兴涛，等译. 海口：海南出版社，1996：75.

国，纳妾并不是像人们所想象的那样是一个不道德的风俗。在《中国妇女》一文中，辜鸿铭以自问自答的方式，为中国的纳妾制展开了辩护。

质疑一：中国妇女对纳妾制度的默认，使西方人怀疑中国妇女是否没有灵魂？针对这一疑问，辜氏回答说，中国人并不认为中国妇人没有灵魂，只是认为"一个真正的中国妇人是没有自我的"。正是中国妇女的这种无私无我，这种责任感和自我牺牲精神，使得纳妾在中国不仅成为可能，而且并非不道德。接下来，他模拟西方人的口吻问道："为什么只是要求妇女无私和做出自我牺牲？男人们为什么不？"对此问题，辜鸿铭辩解说，在中国，并不是不要求男人无私和自我牺牲。只是男人与妇女为之牺牲的对象不同而已，妇人为丈夫和家庭牺牲自我，而丈夫则为家庭、国家和君王牺牲自我甚至献出生命。辜鸿铭将支撑中国妇女无私牺牲的精神称为"无我教"。他认为，"无我教"就是中国妇女的贤妻之道，并将其与中国男人之道——"忠诚教"相类比。西方人只有理解了中国人的这两种"教"，才能理解真正的中国男人和真正的中国妇女。

质疑二："一个爱着妻子的男人，还能有心去爱同一屋子里妻子身边的其他女人吗？"辜鸿铭以强烈肯定的态度回答了这个问题。他认为，衡量一个男人是否真正爱妻子的标准，是要看他是否合情合理地不做伤害妻子感情的事。他指出，在中国，一个真正的君子是从来不会不经其妻子的允许就擅自纳妾的。而一个真正的贤妻，只要丈夫有纳妾的合适理由，她也绝不会不同意的。"无我教"使妻子在丈夫有合适理由纳妾时其感情不受伤害。在辜氏看来，保护妻子免于妾的侮辱，在中国，便是丈夫对妻子的爱的体现。为了进一步说明中国的丈夫们对妻子存在真实的爱，他说唐代诗人元稹的悼亡妻诗可以为证。什么是真正的爱？辜鸿铭认为，真正的爱，是一种感情之爱，而不是当今人们常常误解的所谓性爱。辜氏不仅认为纳妾不影响丈夫对妻子的真正的爱，与此同时，妻子对丈夫的爱也同样是真挚的，他引唐诗为证："洞房昨夜停红烛，待晓堂前拜舅姑。妆罢低声问夫婿，画眉深浅入时无？"①

综上所述，辜鸿铭的女性伦理思想主要涉及妇女与文明、理想女性观、女性与婚姻等三方面内容。总体而言，辜鸿铭的女性观表现出认同传统妇女、批判现代女性的特征，其婚姻观则体现了他认同传统中国婚姻、批判现代西方婚姻的明显倾向。

第四节　辜鸿铭女性伦理思想评价

一、合理内涵

以往有研究将辜鸿铭的伦理思想笼统定性为"儒家传统道德观"，将辜鸿铭的女性伦理思想概括为"三从四德的女性伦理"，并认为辜鸿铭的"封建的女性伦理观念"在其思想中根深蒂固。② 本书认为，辜鸿铭的女性伦理思想既不能简单概括为"三从四德"，也不宜定性为"封建的女性伦理观"。辜鸿铭的女性伦理思想与传统儒家关于女性的伦理观念是有重要区别的，其思想观点不乏合理之处。

第一，辜鸿铭从文明的高度，肯定并赞美女性的价值，尤其是中国妇女的价值，试图重新树立中国妇女乃至中国文明的国际形象，其深层意图是力图改变不公正的国际政治伦理秩序。辜鸿铭所处的时代，是中

---

① 此诗题为《近试上水部》，作者是唐代诗人朱庆余。
② 王佳. 论辜鸿铭的传统道德观 [D]. 哈尔滨：黑龙江大学，2008：16.

华民族被西方世界歧视欺凌的时代，精通英语、法语、德语等多种西方语言的辜鸿铭，深切感受到这一点。在近代西方人有关中国的作品里，有许多关于中国人及中国女性形象的描述。从总体上看，西方人所勾画的中国妇女是一个神态麻木、表情凄楚、受尽折磨的苦难妇人形象。①辜鸿铭对此极为反感，认为这是西方人在糟践中国人，歪曲中国妇女形象。为此，他特别撰文论述"真正的中国妇女"及其特质。辜鸿铭对理想的中国妇女形象的描述，也许并不是真正的现实，而是一种对女性形象的文化想象。但他的初衷在于借此改变西方人对中国妇女及中国文明的偏见与歧视。辜鸿铭一生主要用英文写作，他的文章有明显的读者指向——西方人。辜鸿铭强烈地希望通过自己的努力，重塑中国妇女乃至中国文明在国际上的形象，并力图改变当时不公正的国际政治伦理秩序，其良苦用心令人敬佩。

第二，辜鸿铭对女性价值的肯定，有别于儒家伦理中贬低女性价值的"男尊女卑"观念。如前文所述，辜鸿铭认为人是文明的灵魂，人的类型最能显示该文明的价值，妇女则是民族文明之花。辜鸿铭从民族文明的高度肯定了女性的价值。这一思想观点与传统儒家伦理对女性价值的贬低有明显区别。在东西方古代文明中，女性的价值与人格被普遍贬低。柏拉图认为，女性是"各方面都有欠缺的生物"；卢梭亦认为女性的道德比男性低下；孔子曾慨叹，"唯女子与小人为难养也"。建立在阴阳哲学基础之上的儒家伦理，形成了阳尊阴卑的性别观念，并最终导向男尊女卑的性别价值取向。辜鸿铭虽然认同儒家文明，但他并没有受儒家男尊女卑观念的束缚。辜鸿铭对女性价值的肯定，主要体现在他对传统女性道德品行的肯定，这与他的文明观是一致的。在《中国牛

---

① 黄兴涛. 闲话辜鸿铭：一个文化怪人的心灵世界［M］. 桂林：广西师范大学出版社，2001：161.

津运动故事》一文中，他赞美身处战争环境中的贫困的汉族、满族和日本妇女的坚强、克己、沉静、有自制力，对这些身处底层而具有"真正道德力量"的女性，他表示出深切的同情和由衷的赞美。他特别提到那些较贫寒的满族妇女，称她们靠朝廷补贴的微薄俸银为生，自己过着克己的、半饥半饱的生活，像奴隶一样做苦工，努力成为一个贤淑之妇，去尽自己对孩子、丈夫、父母和祖先的责任。由此可见，辜鸿铭不仅在理论上肯定女性在文明中的特有价值，而且对现实中的女性表现出深切的同情和关注。

第三，辜鸿铭高度肯定妇女所从事的家庭劳动的社会价值，从尊重性别差异和性别社会分工的角度看不乏合理因素。辜鸿铭对理想女性的职业定位是"家庭主妇"。他认为妇女的价值应体现在家庭之中，他充分肯定了妇女从事的家庭劳动所蕴含的崇高的社会价值。辜鸿铭论证道，妇女通过维持家庭的秩序与稳定，再推及维护社会秩序，最终可以推及整个国家的稳固。换言之，国家秩序的稳定与妇女所肩负的家庭秩序的稳定是密切相关的，他由此高度肯定了妇女家庭劳动的社会价值。"男外女内"的社会分工曾被女权主义者认为是对女性公民社会资格的剥夺，他们从性别正义的角度对这种分工予以批判，从性别平等的角度看，这无疑是合理的。但是，正如世界女权运动先驱玛丽·沃斯通克拉夫特曾指出的，公民可以被允许以不同方式为国家服务，"作为公民的政治平等的确要求平等的权利和美德，但是却并不要求所有的公民都精确地拥有相同的责任和行为"①。辜鸿铭对妇女职业的单方面定位无疑是不合理的，但他对传统女性所从事的家庭劳动的社会价值的高度肯定，则不乏合理之处。

---

① 宋建丽. 政治哲学视域中的性别正义 [J]. 妇女研究论丛，2008 (04)：52－57.

第四，辜鸿铭对婚姻的社会责任的重视，体现了他对婚姻的社会本质的深刻洞见，具有伦理合理性。婚姻是男女两性间的一种特殊的社会关系，它既包含着以两性为特征的社会关系，也包含着以血缘为特征的社会关系，前一种关系强调爱情，后一种社会关系则需要爱与责任来维系。辜鸿铭在比较中西婚姻差别的基础上，认为传统中国人的婚姻重视责任，是一种社会婚姻；而西方人的婚姻强调单个男女之间的爱情，是一种情人婚姻。在这里，辜鸿铭不仅指出了中西婚姻的重要差别，而且强调了婚姻所应承担的家庭义务与社会责任。依据马克思主义伦理学的观点，合理的婚姻关系应该以爱情和义务的统一为道德基础。在现实婚姻生活中，爱情无疑应该是婚姻的道德基础，但义务也是婚姻不可缺少的基础因素。而且，家庭义务会伴随婚姻的延续而加强和增多。因此，从长远来看，约束婚姻的道德基础，的确更多的是责任与义务。辜鸿铭认为，传统中国人的婚姻，是女性同夫家之间的契约。女性在婚姻中履行着重要的社会责任——维持家庭的稳定。妇女对家庭责任的担当和对家庭秩序的维持，在辜鸿铭看来，就是对国家的稳定做出了重大贡献。因此，他主张结婚不是去结一种情人婚姻，而应当去结一种公民婚姻。这种对婚姻的社会责任的强调，在当今因高离婚率而带来众多社会问题的情况下，更显示出其深刻性和合理的一面。

二、思想局限

在肯定辜鸿铭女性伦理思想的合理内涵的同时，我们也能明显地看出其女性观的局限，以下主要从三方面探析辜鸿铭女性伦理思想的局限性。

第一，重视国格的独立与尊严而忽视妇女人格的独立与尊严。辜鸿铭的女性观建立在文明观的基础上，对民族尊严的强烈关切使他高度认同儒家文明，他对中国妇女形象的描述更多的是一种文化的想象而不是历史的真实。在儒家伦理的束缚下，中国传统女性失去了在道德中的主体地位，只能依附于男性，失去了人格的独立性和人性的尊严，是一种异化的人格。正如尼采所言："男性为自己创造了女性形象，而女性则模仿这个形象创造了自己。"千百年来，中国妇女在儒家女教的教诲下，主动认同了宗法社会男尊女卑的伦理价值观念，正是这种价值上的认同意识将妇女塑造成一个有着自觉意识的群体，女性主动顺从这种价值规训，失去了对男尊女卑文化观念的反思能力。正如罗素所言："男人较为优越的权力显然是男人道德和女人道德之间区别的基础。女人还对具体表示男人统治的道德箴言笃信不移，所以无须多少强制手段。"①辜鸿铭将传统中国妇女对纳妾制度的容忍的原因归结为妇女的"无我"。殊不知，传统妇女的这种"无我"心态，恰恰是几千年儒家礼教浸染下妇女失去独立人格与自我尊严的变态表现。辜鸿铭对纳妾制度的辩护是一种典型的男权思维，男性的立场和对儒家文明的认同蒙蔽了他的眼睛，使他忽视了妇女首先是一个人，其次才是一个妻子的事实。

第二，重视妇女的"妻职"，轻视甚至忽视了妇女的"人职"。每个人的社会角色是多重的。女性在社会中担当的角色，既是女儿、妻子、母亲等家庭角色，同时她也是一个人、一个国民，应有其个性和社会角色。辜鸿铭只看到了妇女的家庭角色，在他看来，理想女性的标准就是家庭主妇。对妇女角色的片面定位，使他极其反感参与社会事务的现代女性，认为这种女性"男人气十足"，完全失去了女人味。古代社会对妇女社会角色的限制，使女性的聪明才智失去自由发展的机会，从而导致了女性社会地位的下降。事实上，正如新文化运动时期罗家伦所

---

① 何俊萍. 中国封建伦理、法律对妇女的规范及作用探析［J］. 妇女研究论丛，2000（05）：36－40.

言，"良妻贤母不过是有夫有子的妇女一部分当然的责任，而绝不是女子人生的目的"①。在男尊女卑、男外女内观念根深蒂固的中国社会，要改变女性卑下的社会地位，首先需要改变女性单一的家庭角色，使女性不受角色限制，充分自由地发展自己的个性，在多重的角色中全面体现女性的价值。

第三，片面强调女性对婚姻的责任与义务，抹杀了女性在婚姻中的主体地位。西蒙娜·德·波伏娃曾指出："在人类的经验中，男性有意对一个领域视而不见，从而失去了对这一领域的思考能力。这个领域就是女性的生活经验。"辜鸿铭的女性思想鲜明地体现了这一点。在男权文化的浸染中，辜鸿铭对女性的描述，不是从女性的生活经验和情感出发，而是站在男性的立场上想象女性、解说女性、塑造女性，由此便不可避免地抹杀了女性在婚姻中的主体地位。在他关于女性与婚姻的观点中，强调的是女性对婚姻的责任和义务，而忽视了女性应有的权利与尊严。有人曾说，西方在 15 世纪发现了人，18 世纪发现了妇女，19 世纪发现了儿童。辜鸿铭在西方接受过近代人文教育，然而他似乎没有接受西方人权平等思想，也不赞同近代西方女权运动。他始终站在男性的立场上，以男权思维定位女性价值，这不仅是他个人的思想悲剧，也是中国几千年男权文化的强大惰性在他身上的集中反映。

小结

本章从妇女与文明、理想女性观、女性与婚姻三个方面梳理了辜鸿铭的女性伦理思想。其观点可约略归纳如下：

第一，辜鸿铭将女性这一性别群体置于文明的大框架中进行评价，

---

① 须藤瑞代. 中国"女权"概念的变迁［M］. 须藤代瑞，姚毅，译. 北京：社会科学文献出版社，2010：140.

认为妇女的道德素养最能体现一种文明的价值。他试图通过重塑中国妇女的形象来改变西方社会对中国妇女乃至中国文明的偏见与歧视。辜鸿铭对女性价值的肯定，有别于儒家男尊女卑思想对女性价值贬低。

第二，在传统女性与现代女性的比较视野中，辜鸿铭站在男性立场上表达了他对传统家庭女性的欣赏，与近代女权主义的时代潮流背道而驰。

第三，通过中西婚姻制度的比较，辜鸿铭将中国传统婚姻定性为"公民婚姻"，而视西方人的婚姻为"情人婚姻"，凸显了中国传统婚姻制度的社会价值，由此印证了中国传统婚姻制度的道德正当性。

结　语

　　如果离开对辜鸿铭所处时代及其人生经历的了解，缺乏对其思想观点背后成因的历史考察，人们极易误解辜鸿铭。正如有学人所言："近代中国人对自己和对自己文明的误解或许没有比通过对辜鸿铭的误解更能显示出来的例子了。"① 事实上，辜鸿铭所致力思考的问题，与其说是当时中国面临的现实问题，不如说是西方现代工业文明如何摆脱困境的问题。唯其如此我们才能对他的观点给予"同情的理解"。由于辜氏所针对的是物质实利主义、个人中心主义、权力至上主义、无政府主义等西方现代文明所暴露出来的问题。因此，他所提出的解决方案，在伦理价值取向上便体现出崇尚道义、强调责任、尊崇权威与追求秩序的价值偏好。

一、辜鸿铭伦理思想的价值取向

（一）道义取向

　　道义取向是辜鸿铭伦理思想的首要价值取向。如何处理"义"与"利"的关系，贯穿了自古至今人类文明发展的历史。19 世纪末 20 世纪初，在国际政治舞台上，国与国之间上演着"利"与"力"的角逐，

---

① 蔡禹僧．哀诉之音的绝响——关于辜鸿铭《中国人的精神》［J］．书屋，2007（03）：24-31.

道义被搁置一边。辜鸿铭为此开出的救世药方就是先义后利、以德服人。在国际政治伦理价值取向上，辜鸿铭高扬道义的旗帜，反对实利主义和霸权主义。在他看来，"一战"最主要的道德原因在于："欧美各民族的国务活动家和政客们忘记了'君子之道'，他们的行为即是孟子所谓'先利而后义'。"① 他呼吁中国不要参与战争，并将"友谊、法律、正义置于有用、利益甚至于个人的安危之上"，那么，中国不仅能借此拯救自己，甚至可以拯救世界和世界的文明。在现实政治生活中，这无疑是一种天真的想法。道德的确对国际政治有一定的约束作用，但迄今为止的人类历史表明，在国际领域，道德言辞常常流为掩盖真实利益动机的装饰，并不能真正起作用。但是，以利益为动机与目的的国际强权政治，是"实然"而不是"应然"。辜鸿铭崇尚道义的意义，正如张中行先生的评价："如果说这位怪人还有些贡献，他的最大贡献就在于，在举世都奔向力和利的时候，他肯站在旁边喊：危险！危险！"②

（二）责任取向

强调责任，是辜鸿铭伦理思想另一个突出的价值取向。他认为，在人类社会所有关系中，最重要的就是责任。在他看来，道德，就是对道德责任感的公认和服从。道德行为就是受正确的自由意志驱使，出自纯粹的道德责任感的行为。

辜鸿铭伦理思想强调责任的价值取向，在一定意义上可以说是对近代西方政治生活中"权利优先论"的批判。启蒙运动以来的西方社会，人们的权利意识逐渐觉醒。权利成为近现代政治生活的关键词。近现代西方自由主义者强调个人及其权利对于社会的优先性。"权利优先论"的

---

① 辜鸿铭. 辜鸿铭文集：上卷［M］. 黄兴涛，等译. 海口：海南出版社，1996：524.
② 张中行. 辜鸿铭［C］//黄兴涛. 旷世怪杰——名人笔下的辜鸿铭 辜鸿铭笔下的名人. 上海：东方出版中心，1998：238.

理论前提是个人主义，这种观点遭到了当代社群主义者的批评，他们将这种个人主义称为原子主义。美国著名社群主义者查理斯·泰勒（Charles Taylor）从两个方面批判了"权利优先论"。首先，他认为离开社会的人是不能自足的，在社会之外不可能存在真正的个人。其次，不存在无条件的权利，权利总是伴随着一定的责任和义务。只有承认个人的责任与义务才能证实个人的权利与自由。① 辜鸿铭虽然没有在理论上深入探讨权利与责任的关系，但他的思想的触角实质上已经触及社群主义的理论。他批判西方民主政治为"非理性民主"，其中一个重要原因就是民主主义者只坚持自己的权利，而不考虑应承担的义务。他对儒家文明的赞赏，其原因正在于儒家思想对责任的强调。在辜鸿铭看来，不是权利，而是责任，才是保障人类社会秩序的道德基础。当然，辜鸿铭并非否定个人权利的重要性，但对于社会秩序而言，他认为责任更重要。

（三）权威取向

辜鸿铭伦理思想的第三个价值取向是对权威的尊崇。辜氏所说的权威主要不是靠暴力支持的权力，而是以人们的内在承认为基础的、自然形成的权威，类似于马克斯·韦伯所提出的"克里斯玛"（Charisma）②与爱德华希尔斯所说的"实质性传统"。但是，辜鸿铭所指的权威，更

---

① 俞可平．社群主义［M］．北京：中国社会科学出版社，2005：36－39.
② Charisma 一词出自《新约·哥林多后书》，原指因蒙受神的恩赐而被赋予的天赋。马克斯·韦伯全面引申、扩大了 Charisma 的含义，既用它来指具有神圣感召力的领袖人物的非凡品格，也用它来指一切与世俗生活事物相对立的超自然的神圣特质，如皇家血统或贵族世系，后者是常规化或制度化的克里斯玛。当代美国著名社会学家爱德华·希尔斯则进一步引申了 Charisma 的含义。他认为不仅是那些具有超凡特质的权威及其血统能产生神圣的感召力，延传已久的制度、观念、象征符号等传统同样具有令人敬畏、使人依从的克里斯玛特质。傅趣．传统、克里斯玛和理性化［M］//（美）爱德华希尔斯．论传统．傅铿，吕乐，译．上海：上海人民出版社，2009：3－4.

是道德意义上的权威。

辜鸿铭对权威的尊崇，源于他对近代西方民主观与民主政治实践的反思。法国大革命期间，由"大众民主"所导致的"多数人的暴政"，使他反思民主、自由与平等的真正内涵。辜鸿铭认为，真正意义上的平等并不是否定权威，而是意味着没有特权。他所指的"特权"，既包括一个社会内部的尊卑等级特权，也包括国族间的种族特权。保守主义者认为，权威是植根于人类社会行为的一种普遍现象，权威就像社会一样是自然形成的，尊重自然形成的权威，就是对客观规律的尊重。

（四）秩序取向

追求秩序，是辜鸿铭伦理思想的另一个价值取向。辜鸿铭对伦理秩序的强调，深受儒家思想的影响。有学者认为，由于动乱对社会造成的创伤，中国文化存在着一个"秩序情结"①。儒家思想诞生在春秋战国的动乱时代，建立和谐的秩序，成为儒家思想的终极关怀。儒家以规范伦理秩序为基础，提出了重整社会秩序的主张。辜鸿铭所生活的时代也是一个天下大乱的时代，既有的社会秩序已被打乱，新的秩序尚未形成。追求一个安宁和谐的秩序，成为那个时代的人们的普遍心愿。

在辜鸿铭看来，重建社会与政治秩序，必须首先建立道德秩序。他说："只有先确立秩序——道德秩序，然后，社会的发展就会自然地发生，在无秩序——无道德秩序的地方，真正的或实际的进步是不可能有的。"② 辜鸿铭认为，中国文化的精髓就是"秩序和进步"。他将《中庸》翻译为"*Universal Order*"（普遍秩序，这里所指的"秩序"就是伦理秩序）。辜氏认为，《中庸》所言"致中和，天地位焉，万物育焉"

---

① 张德胜. 儒家伦理与社会秩序［M］. 上海：上海人民出版社，2008：110.
② 辜鸿铭. 辜鸿铭文集：下卷［M］. 黄兴涛，等译. 海口：海南出版社，1996：55.

这句话所揭示的就是一种普遍的伦理秩序，他将伦理秩序诠释为"使所有被创造的事物都能得到充分地成长和发展"，这道出了伦理秩序无所不在的特质，反映了他的思想富于洞见的一面。

辜氏对道义、责任、权威、秩序等伦理价值的推崇，源于他对西方工业文明的反思，是为西方社会开出的救世药方。在当时尚处于农业文明时代的中国，其思想无疑具有超越时代的前瞻性，他被同时代人误解便不难理解。

二、辜鸿铭伦理思想的理论局限

道德本位主义是辜鸿铭伦理思想突出的理论局限。道德本位主义是一种由来已久的价值观念与思维方法，几乎所有的宗教文明都有道德本位主义倾向[①]，儒家文明也表现出明显的道德本位主义特点。所谓道德本位，就是将道德视为人生与社会的出发点和归宿。具体而言，道德本位有三层含义：一是强调道德的普遍性，把伦理道德泛化到社会生活各个领域，认为道德是支配社会、人生的普遍性规律，政治、经济、文化等都受其制约；二是强调道德的目的性，道德不是作为工具性而是作为目的性的价值而存在，人是天生的道德动物，道德的完善是人们追求的终极目标，社会制度根据道德的目标设置，个人因道德的目标而存在，道德是衡量社会一切活动的准则和标准，其他进步如不能带来道德水平的同步提高，则是没有价值的；三是强调道德的本体性，道德是宇宙之大根本，是其他事物发生的原因，道德问题解决了，其他问题皆可迎刃而解。在调节人们的行为规范中，道德是维持社会存在和社会秩序的基

---

① 朱寿桐. 新人文主义的中国影迹［M］. 北京：中国社会科学出版社，2009：55.

本途径和手段，其他如法律、制度等，不过是辅助性的治标之术。① 依据以上道德本位的含义来分析，辜鸿铭伦理思想是一种典型的道德本位主义。

首先，强调道德的普遍性。在辜鸿铭看来，道德是支配社会和人生的普遍性规律，政治、经济、文化的发展都要受道德的制约。如关于经济，辜鸿铭认为，政治经济学实质上是一门伦理学，其目的是教国家和人民怎样为高尚的目的而花钱，而不是教人们怎样挣钱。至于政治，辜鸿铭更是强调道德对政治的制约，他认为，中国的旧式君主政体尽管有种种缺陷，但它仍然在民众中维持了一般的道德水准。他尤其强调政治领袖道德品质的极其重要性。他甚至将民国初年社会道德乱象的原因归咎于袁世凯的背信弃义。在文化方面，辜鸿铭视道德为文明的灵魂，认为文明的内涵就是道德标准。可见，在辜鸿铭心中，道德无疑是支配社会和人生的普遍性规律。

其次，强调道德的目的性。辜鸿铭认为，完善人的道德修养是文明的终极目标。在他看来，估价一个文明价值的高低，不在于外在的物质文明是否发达，也不在于科学知识水平的进步，而在于体现在人身上的道德素养的高低。道德成为他衡量一个社会政治经济等一切活动的准则和标准，他认为物质文明的发展进步如不能带来道德水平的同步提高，是没有价值的。

再次，强调道德的本体性。辜鸿铭认为，道德问题解决了，其他一切问题都会迎刃而解。在《日俄战争的道德原因》一文中，辜鸿铭说："当一个人、一个民族或多个民族的事务陷入困局时，对于这个人或民族来说，唯一正确的摆脱方法，就是去找到其道德本性的中心线索和平

---

① 刘长林，班彦美. 解决中国问题的"道德本位"思想倾向——五四时期杜亚泉与陈独秀道德观之比较［J］. 理论学刊，2008（01）：109 – 114.

衡状态，去寻回他们的真实自我，或者通俗一点说，去恢复他们心境的平衡、保持其评判的不偏不倚。如果一个人或民族将做到和能够做到这一点，其他的一切事情也就迎刃而解了。"① 显然，在辜鸿铭看来，不论是对个人还是对民族国家，要解决社会或政治外交问题，首先需要解决自身的道德问题。面对西方现代文明的冲击，辜鸿铭为处于困境中的古老中国开具的拯救药方，也是一剂道德的药方。他认为，中国反抗西方具有破坏性力量的物质实利主义文明的办法，不是以武力相对抗，也不是与对方展开竞争，更不能消极抵制，而是应该通过"过一种自尊和正直的生活，赢得一种道德力量"，即孔子所说的"君子笃恭而天下平"。在他看来，道德力量是避免和挽救中华民族免受现代物质实利主义文明破坏势力的影响的唯一可靠的力量。② 至于法律、制度建设等其他方式，在辜鸿铭看来，都不是解决问题的根本之策。

综上可知，辜鸿铭伦理思想具有明显的道德本位主义倾向，是其伦理思想的显著的理论局限。道德本位主义的理论缺陷表现在：其一，它过分夸大了道德的能动作用，认为社会的道德状况甚至个别人物的道德品质和道德威望可以决定整个社会的发展；其二，它把道德看作一种独立的、优先的、具有决定作用的力量，把整个社会的改造和政治与社会理想的实现寄托于道德的改良，因而忽视了法律及制度建设，最终使道德沦为一种无效的说教；其三，道德本位主义使价值理性处于支配工具理性的宰制性地位，影响了经济、政治、文化等具体领域即工具理性按照自身发展规律来发展。人类社会的现代化过程实质上就是摆脱价值理性对工具理性的宰制的过程，然而，失去价值理性规约的工具理性又反过来遮蔽了价值理性。辜鸿铭道德本位主义思想实际上是为疗治现代化

---

① 辜鸿铭. 辜鸿铭文集：上卷 [M]. 黄兴涛，等译. 海口：海南出版社，1996：195.
② 辜鸿铭. 辜鸿铭文集：上卷 [M]. 黄兴涛，等译. 海口：海南出版社，1996：389.

过程中工具理性膨胀而开具的药方，只不过这是一个错误的药方。因为，对工具理性的批判，并不意味着要恢复过去价值理性的宰制性地位，而只应否定工具理性对价值理性的遮蔽，使工具理性和价值理性回归到各自应在的位置。

对于辜鸿铭思想的理论局限的评价，正如王海明先生所言："原创性的东西往往都流于极端，过于片面。一切伟大的思想家差不多都是这样的，他们过于强调自己的伟大发现，被这些发现所陶醉所迷惑，因而总是夸大。"① 辜鸿铭对道德的社会功能的夸大亦复如是。

三、辜鸿铭伦理思想的意义与启示

辜鸿铭对西方现代性弊端的批判与反思，对儒家文明之道德价值的诠释，在那个时代极具思想前瞻性，对我们今天反思现代性、反思传统依然具有重要的参考价值，其伦理思想的意义与启示在于：

首先，他以传统批判现代性，开了中国近代史上反思现代性的理论端绪。辜鸿铭是近代中国最尖锐的现代性批评者，他对西方现代文明的批判涉及宗教、政治、新闻业、教育、军事等诸多领域，其批判的锋芒直指物质主义、功利主义、交易思想、道德相对主义、民族利己主义等弊病。在现代性批判领域，辜鸿铭不仅超越了同时代的中国人，甚至比后来几代人更高瞻远瞩地看到了现代性弊端。

其次，他从宗教、情感、精神等角度深入诠释儒家伦理思想的内涵及其现代价值，为现代新儒家反思儒家思想的价值提供了新的视角与方法。种种迹象表明，新儒家的代表人物如梁漱溟、唐君毅、牟宗三等人，可能不同程度地受到辜鸿铭思想的启发。② 如梁漱溟从情感的角度

---

① 王海明. 伦理学与人生 ［M］. 上海：复旦大学出版社，2009：258.
② 黄兴涛. 文化怪杰辜鸿铭 ［M］. 北京：中华书局，1995：327 - 328.

切入对儒家伦理的理解，唐君毅和牟宗三对儒学"道德宗教"的定性，与辜鸿铭诠释儒家伦理思想的视角与方法均具有相似性。

现代化已成为人类社会不可逆转的发展趋势和前进方向。中国正在现代化的征途上疾行猛进。经历过历史无尽磨难的中国人在今天应该不会否认，成功的现代化，离不开与传统的不断对话。中国最大的传统无疑就是儒家道德文明。儒家思想已经成为中华民族的文化基因，儒家道德文明对中国人心理和行为的影响是中国的现实，甚至"是所有研究当代中国的社会科学学者必须面对和认真对待的基本国情"①。如何克服传统的弊端、发挥传统的优势，如何规避或疗治现代性弊病，使民族传统与现代化相融相生，将是中国现代化过程中一项文化再造工程。在一定意义上可以说，辜鸿铭参与了这项宏大的文化再造工程，他的思想对我们今天正在进行的伦理文化建设是具有启示意义的。

---

① 陈来. 孔夫子与现代世界［M］. 北京：北京大学出版社，2011：5.

参考文献

一、国内著作

［1］辜鸿铭. 辜鸿铭文集［M］. 黄兴涛，等译. 海口：海南出版社，1996.

［2］黄兴涛. 旷世怪杰——名人笔下的辜鸿铭　辜鸿铭笔下的名人［C］. 上海：东方出版中心，1998.

［3］四书五经［M］. 陈戍国，点校. 长沙：岳麓书社，2002.

［4］杨伯峻. 论语译注［M］. 北京：中华书局，1980.

［5］杨伯峻. 孟子译注［M］. 北京：中华书局，2005.

［6］陈序经. 陈序经学术论著［C］. 杭州：浙江人民出版社，1988.

［7］黄兴涛. 文化怪杰辜鸿铭［M］. 北京：中华书局，1955.

［8］刘禾. 帝国的话语政治［M］. 杨立华，译. 北京：生活·读书·新知·三联书店，2009.

［9］黎仁凯. 张之洞幕府［M］. 北京：中国广播电视出版社，2005.

［10］李泽厚. 中国古代思想史论［M］. 天津：天津社会科学院出版社，2004.

［11］罗秉祥，万俊人. 宗教与道德之关系［M］. 北京：清华大学出版社，2003.

［12］刘军宁. 保守主义［M］. 北京：中国社会科学出版社，1998.

［13］俞可平. 社群主义［M］. 北京：中国社会科学出版社，2005.

［14］宋希仁. 西方伦理思想史［M］. 北京：中国人民大学出版社，2004.

［15］阎照祥. 英国贵族史［M］. 北京：人民出版社，2000.

［16］张德胜. 儒家伦理与社会秩序［M］. 上海：上海人民出版社，2008.

［17］朱寿桐. 新人文主义的中国影迹［M］. 北京：中国社会科学出版社，2009.

［18］王海明. 伦理学与人生［M］. 上海：复旦大学出版社，2009.

［19］陈来. 孔夫子与现代世界［M］. 北京：北京大学出版社，2011.

［20］干春松. 制度化儒家及其解体［M］. 北京：中国人民大学出版社，2003.

［21］何兆武. 中西文化交流史论［M］. 武汉：湖北人民出版社，2007.

［22］刘中树，付兰梅，吴景明. 辜鸿铭与中国近现代思想文化［M］. 北京：生活·读书·新知三联书店，2015.

二、中译论著

［1］亚里士多德. 政治学［M］. 颜一，秦典华，译. 北京：中国

人民大学出版社，2003.

　　[2] 明恩溥. 中国人的气质 [M]. 刘文飞，刘晓旸，译. 上海：上海三联书店，2007.

　　[3] 科恩. 论民主 [M]. 聂崇信，朱秀贤，译. 北京：商务印书馆，1988.

　　[4] 皮埃尔·勒鲁. 论平等 [M]. 王允道，译. 肖厚德，校. 北京：商务印书馆，1988.

　　[5] 卡莱尔. 英雄与英雄崇拜 [M]. 何欣，译. 沈阳：辽宁教育出版社，1998.

　　[6] 康德. 道德形而上学原理 [M]. 苗力田，译. 上海：上海人民出版社，1986.

　　[7] 彼得·李伯庚. 欧洲文化史 [M]. 赵复三，译. 上海：上海社会科学院出版社，2004.

　　[8] 池田大作，（英）阿·汤因比. 展望 21 世纪——汤因比与池田大作对话录 [M]. 荀春生，译. 北京：国际文化出版公司，1997.

　　[9] 艾恺. 世界范围内的反现代化思潮：论文化守成主义 [M]. 贵阳：贵州人民出版社，1991.

　　[10] 狄百瑞. 儒家的困境 [M]. 黄水婴，译. 北京：北京大学出版社，2009.

　　[11] 高彦颐. 缠足："金莲崇拜"盛极而衰的演变 [M]. 苗延威，译. 南京：江苏人民出版社，2009.

　　[12] 马修·阿诺德. 文化与无政府状态：政治与社会批评 [M]. 韩敏中，译. 北京：生活·读书·新知三联书店，2008.

　　[13] 塞缪尔·亨廷顿. 文明的冲突与世界秩序的重建[M]. 周琪，等译. 北京：新华出版社，2010.

［14］阿瑟·赫尔曼．文明衰落论：西方文化悲观主义的形成与演变［M］．张爱平，许先春，蒲国亮，等译．上海：上海人民出版社，2007.

［15］丹尼尔·贝尔．资本主义文化的矛盾［M］．严蓓雯，译．南京：江苏人民出版社，2007.

［16］麦金泰尔．德性之后［M］．龚群，戴扬毅，等译．北京：中国社会科学出版社，1995.

［17］古斯塔夫·勒庞．乌合之众：大众心理研究［M］．冯克利，译．北京：中央编译出版社，2000.

［18］须藤瑞代．中国"女权"概念的变迁［M］．姚毅，译．北京：社会科学文献出版，2010.

［19］爱德华·希尔斯．论传统［M］．傅铿，吕乐，译．上海：上海人民出版社，2009.

三、期刊论文

［1］朱寿桐．论辜鸿铭的道德人文观［J］．天津社会科学，2007（3）.

［2］史敏．辜鸿铭研究述评［J］．烟台师范学院学报（哲学社会科学版），2003（1）.

［3］瞿骏．辛亥革命与日常生活［J］．开放时代，2009（7）.

［4］崔新建．文化认同及其根源［J］．北京师范大学学报（社会科学版），2004（4）.

［5］李正义．浪漫主义精神的哲学诠释［J］．甘肃理论学刊，2009（5）.

［6］殷企平．走向平衡：卡莱尔文化观探幽［J］．杭州师范大学学报（社会科学版），2010（3）.

［7］葛桂录．托马斯·卡莱尔与中国文化［J］．淮阴师范学院学报，2004（1）．

［8］王龚奋．爱默生超验主义与中国儒家思想的不解之缘［J］．重庆科技学院学报（社科版），2009（11）．

［9］杨武能．思想家歌德［J］．四川大学学报（哲学社会科学版），2004（6）．

［10］陈晓律．英国式保守主义的内涵及其现代解释［J］．南京大学学报（哲学人文科学社会科学版），2001（3）．

［11］高兆明．“伦理秩序”辨［J］．哲学研究，2006（2）．

［12］卢风．启蒙与物质主义［J］．社会科学，2011（7）．

［13］史广全．法律道德化与道德法律化：论中国传统法律文化发展的两个阶段及其现代化［J］．求索，2004（5）．

［14］蔡禹僧．哀诉之音的绝响——关于辜鸿铭《中国人的精神》［J］．书屋，2007（3）．

［15］田薇．宗教伦理的历史担当和现代命运——以基督教伦理为主要范型的历史考察［J］．中国政法大学学报，2011（1）．

［16］何怀宏．杀人之中又有礼焉——战争行为伦理［J］．云南大学学报，2004（2）．

［17］左高山．正义的战争与战争的正义——关于战争伦理的反思［J］．伦理学研究，2005（6）．

［18］倪世光，门玥然．开启认识西方社会和文化的一扇窗——关于骑士制度研究交谈录［J］．社会科学论坛，2007（6）．

［19］张殿元．世界传媒伦理道德问题的历史审视［J］．吉林大学社会科学学报，2002（5）．

［20］刘铁芳．什么是教育［J］．天津市教科院学报，2002（2）．

[21] 李建辉. 识读精英教育：从传统到现代发展中的多层意蕴 [J]. 东南学术, 2010 (2).

[22] 穆慧贤. 对爱国主义的道德哲学分析 [J]. 中南民族大学学报（人文社科版）, 2008 (4).

[23] 李乐. 近二十年国内爱国主义理论研究综述 [J]. 西南民族大学学报（人文社科版）, 2010 (5).

[24] 谭建川. 福泽谕吉文明观批判 [J]. 郑州大学学报（哲学社会科学版）, 2005 (4).

[25] 陈真. 道德相对主义与道德的客观性 [J]. 学术月刊, 2008 (6).

[26] 王晓升. 道德相对主义的方法论基础批判——兼谈普遍伦理的可能 [J]. 哲学研究, 2001 (2).

[27] 周积民. 晚清国民性问题检讨 [J]. 天津社会科学, 2004 (2).

[28] 俞祖华, 赵慧峰. 近代来华西方人对中国国民性的评析 [J]. 东岳论丛, 2002 (1).

[29] 刘晓南. 国家形象塑造与国际汉语文化传播——对《中国人的气质》一书的再度审视 [J]. 中文自学指导, 2008 (6).

[30] 陈丛兰. 孟德斯鸠中国国民性思想探析 [J]. 道德与文明, 2009 (5).

[31] 肖克. 西方保守主义政治伦理基础维度析论 [J]. 北方论丛, 2010 (6).

[32] 陆晓禾. 国际企业、经济学和伦理学研究面临的五大挑战 [J]. 哲学动态, 2005 (4).

[33] 储建国. 中国古代君主混合政体 [J]. 政治学研究, 2004 (1).

[34] 宋建丽. 政治哲学视域中的性别正义 [J]. 妇女研究论丛, 2008 (4).

［35］何俊萍．中国封建伦理、法律对妇女的规范及作用探析［J］．妇女研究论丛，2000（5）．

［36］高兆明．"伦理秩序"辨［J］．哲学研究，2006（2）．

［37］刘长林，班彦美．解决中国问题的"道德本位"思想倾向——五四时期杜亚泉与陈独秀道德观之比较［J］．理论学刊，2008（1）．

四、学位论文

［1］唐慧丽．"优雅的文明"：辜鸿铭的人文理想新论［D］．上海：华东师范大学，2010．

［2］陈丛兰．十八世纪西方中国国民性思想研究［D］．北京：中国人民大学，2009．

［3］肖克．当代西方保守主义民主政治理念研究［D］．长春：吉林大学，2008．

［4］王佳．论辜鸿铭的传统道德观［D］．哈尔滨：黑龙江大学，2008．

后 记

　　拙著是在我的博士论文的基础上修改而成的。2012 年 5 月，我完成了博士论文的答辩，此后便将论文封存起来，开始在教学领域用心耕耘。七年之后的今天，当我荣升为博士生导师之时，在战战兢兢、如履薄冰的心境中，我翻开尘封已久的博士论文，希望在重温这些文字时，回望过往所走的路，带着"为己"不"为人"的学术初心，和我的学生一起成长！

　　本书不仅见证了我四年读博期间的艰辛探索，更凝聚了身边许多人对我的关怀和厚爱！感谢导师吕锡琛教授对我的培育之恩！吕老师温婉优雅的风度、亲切随和的态度、深入浅出的讲课风格，常常让我有如沐春风之感。在博士论文写作的过程中，从谋篇布局到遣词造句，均得到老师不厌其烦的耐心指导。吕老师不仅是引领我走入学术殿堂的良师，也是开导我如何缓解压力的益友。她在生活中对老子"无为"思想的实践，对我的生活态度亦产生了潜移默化的影响。感谢吕老师的先生、我的同事贺福安教授，他对晚辈的提携之恩，体现了一位长者的仁爱之心。感谢李建华院长，他的进取精神和开拓勇气曾经深深感染过我。没有李院长当年的鼓励和鞭策，便没有今天的我。感谢左高山院长，犹记得课堂上的左老师，是师长，更似兄长！感谢他的课堂带给我诸多的启

200

发。感谢高恒天老师、刘立夫老师，两位老师审阅了我的论文初稿，提出了许多宝贵的修改建议。感谢我的家人，没有他们的理解、支持和鼓励，我的博士论文难以"出生"！尤其要感谢我的先生，他的幽默是帮助我缓解学习和工作双重压力的良方，他始终是站在我身后，扶持我一路走来的、最坚强的后盾！

学海无涯，我将带着进取的心、感恩的心，从这里开始，继续前行……